U0040196

世界第一簡單
量子力學

臺灣大學物理學系教授　陳政維◎審訂

川端潔◎監修　石川憲二◎著

Verte◎製作　謝仲其◎譯

柊 Yutaka◎漫畫

漫畫➡圖解➡說明

前　言

　　坦白說，我從唸國小一直到剛進高中時，都很想當個物理學家，而且我想鑽研、了解分子與原子的構造、探究物質與能量是怎麼形成的量子力學領域。

　　但是在高中時期，我毅然地放棄了這個夢想，並朝著如今的職業一路邁進。其理由有二：

　　積極面的理由是，我對寫文章出書的工作具有更強烈的興趣；而消極面的理由則是，我覺得在唸物理時要使用方程式來作數學運算這件事非常的麻煩。

　　說來，人生本來就常會碰到「想做」與「不想做」這兩個念頭的相互拉扯，因此我並不後悔做出這樣的抉擇。而且現在的這個工作很適合我，我也從未想過要轉行當科學家。但在我心中，仍有這樣的憧憬：「如果能再認真點唸量子力學就好了……」

　　因為這樣，這次在討論《世界第一簡單》書系的新企劃時，我想也沒想的就決定「來做量子力學」。當幸運地獲得了週遭人的贊同並順利底定出版計畫時，我真有一種解決了長年煩惱的暢快感。

　　但是……

　　開始寫作之後，我馬上就後悔了。

　　「好、好、好難呀……」

　　「久違」的量子力學對我而言可說是一大難關。每想要更深入地多唸一些時，就會看到鋪天蓋地的數學式子擋在前方。看來，我的腦袋比起高中的時候並沒有進步多少呀。這下子我才發現這份工作非同小可，霎時綠了臉。

　　雖然如此，既然我都大聲宣告過：「我要編出連從未鑽研過物理的人也能愉快閱讀的內容！」了，所以我也就沒有退路了。我時而翻著資料呻吟（不是在朗誦喔），時而對監修的川端教授哭訴，好不容易才能一步步編寫下去。同時，有了繪圖的柊老師及負責製作、編輯的 Verte 的新井先生與川崎先生等人協助，才終於完成了這部作品，真是非常感謝大家的幫忙。

　　當然，想只靠著本書就能理解量子力學的一切是不可能的。但是只要你繼續看下去，就可以了解到「量子力學所指涉的含義是什麼」。因此，如果讀了這些而產生興趣的人，請務必要挑戰更專門

的書籍，其中所開展的知性世界必定能帶給你超乎想像的樂趣。

而且，在1910到1940年中為量子力學帶來重大進步的人物，每位的個性都非常的鮮明、強烈，其中被稱為「量子力學之父」的波耳教授更是獨樹一幟。他就是長期與頂頂大名的愛因斯坦不斷進行科學論戰，最後漂亮獲勝的強者。

波耳與寫出量子力學最重要方程式的薛丁格之間也有過激烈的論戰。起初薛丁格對於大他2歲的波耳前輩很有耐心地謹慎應對，但持續徹夜討論的結果終於使他疲勞不支而被送進了醫院。當他才想著：「總算解脫了」時，前來探望的波耳卻沒有想回家的意思，於是又開始在病床旁重啓討論會，一直辯到薛丁格昏倒沒法開口為止。

還有，以測不準原理總結量子力學最大發現：「世界不是由必然、而是由偶然所構成，因此只能用機率來表示」的海森堡，也是天天都要花上好幾個小時來討論量子力學。而且他很喜歡走路，一天可以走上30公里、完全不看四周景色的一直說話，看在旁人眼中，他這個樣子真的是非常怪異。

在那個時代，許多科學家之所以可以日夜不休地進行討論，是因為他們的居住地都集中在狹小的歐洲。為什麼會發生如此偶然的歷史現象呢？

我想，這些科學家們絕不是生來就是天才。因為在這樣特定的時期、特地的地區中，要同時誕生出這麼多優秀的人才，在機率上應該是不可能的。

在我的想像中，當時的歐洲應該是充滿著一種要探究出物質、能量源頭所在的氛圍。說白一點，就是把探究科學真理當作是樂趣的氣氛。愛因斯坦、波耳、薛丁格與海森堡，都只是「乘著時代的波浪」並樂在其中的科學家罷了。

這道波浪，至今仍一直持續著。而且如今量子力學所要解答的不只是物質與能量的問題，甚至還廣及到整個宇宙創生的原理。它不但成為一門愈來愈壯大的學問體系，同時也變得愈來愈有趣了。

我不是說要每個人都成為物理學家，我只是希望能讓更多人知道量子力學這門學科，知道在這門學科中，仍有許多科學家在不斷地進行著劃時代的研究以解開我們所生活的這個「世界」上所蘊含的謎題。

不知道這本書能不能為這個目標提供幫助，但只要能增加更多愛好與支技量子力學的人，就是我無上的榮幸了。

2009年12月　石川憲二

監修者的話

　　無視於僭越之議，我接下了繼石川與柊二位合作的第一本書《世界第一簡單宇宙學》之後所出版的本書的監修工作。雖然惋惜於自己沒有繪畫的才能，但作為漫畫愛好者，我可是不落人後。而且經由前次的工作經驗，我已經對二位的實力十分熟知，因此對於會發展出怎樣的故事充滿了期待，一心希望能比其他人先讀到。對於書中內容我盡可能地做了仔細的調查，對於必須訂正的部份我也直言不諱，以期本書能有高度的正確性。

　　「量子力學」是為了記述在以分子、原子、基本粒子、光子這些研究對象所隸屬的微觀世界中所觀察到的各種物理現象，而創設發展出來的學問。它的地位足以與愛因斯坦的相對論並稱為現代物理學的二大支柱，對於物理、化學、生物學、甚至工程學等領域的學生來說，既是無可避免的基礎知識，也是必備的工具。但是由於量子力學所涉及的概念與思考大大地遠離我們熟悉的日常經驗，同時這門學問也需要運用以複數為基礎的數學運算等種種原因，所以它會造成初學者在學習上的心理障礙，以致難以掌握這門學科。即使除去數學面的原因不談，在嘗試理解微觀世界中所展現的粒子性與波動性的「雙重性格」時，每個人都會面臨到極大的困惑。

　　要克服心理障礙的有效手段之一，就是去了解它的歷史背景。本書的特色之一，就是將建構量子力學相關的歷史背景與有意義的小故事，分段仔細描述出來。同時透過漫畫的強力圖解來進行表達，以使人容易把握住其中所關注的對象與物理過程。正如成語「千里之堤，潰於蟻穴」所言，任何障礙只要開了一個孔，即使這個孔再怎麼小，也可能會出現更大的突破。當然，本書並非正式的課本，但我相信它作為量子力學的入門或輔助讀本，必定可以充分達到穿出蟻穴的效果。我所教的大多數物理學科學生都不知道第一個獲得諾貝爾物理獎的日本人是誰，對此我常感到愕然，所以我衷心期待本書能為改善如此的狀況而進到一份心力。

2009年12月　川端　潔

目錄

人物介紹

環奈

光輝高中二年級。運動萬能的少女，因為覺得舞台演出很浪漫而加入戲劇社。屬於「先做再說」的體育型少女。

葛洛莉雅

光輝高中二年級。來自美國的交換學生。非常喜愛日本動漫畫的御宅族少女，基本上是個個性天真的人。

山根

光輝高中二年級。在戲劇社中擔任領導者的位置，踏實的思考帶領著環奈與葛洛莉雅，但有時說話也會自打嘴巴。

貫太

環奈的哥哥。日本總合科學大學理學部物理學科三年級。比妹妹還矮且其貌不揚，但從童年起就愛好天文，具有豐富的天文知識。

讚岐教授

貫太所就讀大學的教授。以天文學及物理學著稱的學者。最喜歡戲劇性的表演製作。

序章
一寸法師與拇指姑娘

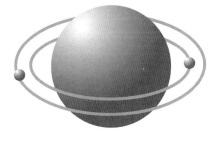

噹

今天將所有社員集合到環奈的家中……

是要決定下次公演的劇目……

給我認真點——！

懶散～

吸

嗶

啪唭

啪唭

下居的文化節又還沒到，而且不是才剛過嗎？

光輝高中戲劇社社員
環奈

仔細聽好嘍！

呼呼

光輝高中戲劇社社員
山根

有人要委託我們戲劇社演出啦！

祝委託公演

喔喔！

太棒了！

光輝高中留學生
葛洛莉雅

布·丁

葛洛莉雅妳有沒有在聽啊

驚

啥時？
在哪？

抱～

我也不清楚詳情耶，

讚岐教授只講了一點點……

什麼嘛

那～要演什麼呢？

嗯～

如果是演像上次《輝夜姬》那樣以宇宙爲背景的科幻故事的話，規模太龐大了……

這次就改演小一點的世界好啦。

說到小就想到一寸法師！

公主當然就由我來演！

小小公主當然就是安徒生的拇指姑娘啦！

劍拔

弩張

啊，對了。

也可以演一寸法師遇見拇指姑娘的故事呀……兩個人都是小小的……

聽來真有趣～～！

咦～那公主呢？

公主由葛洛莉雅扮演，環奈演一寸法師。

丟

嘿～

丟

丟

環奈妳知道為什麼嗎？

瞪

上次公演後，社員奇蹟似地增加了一堆人……

請看《世界第一簡單宇宙學》！

戲劇社

但是，就因為妳那無謂的體育特訓，全部的人都退社退光了！

伏地挺身兩百下！

想抱怨就得先解決人手不足的問題！

反正大夥兒都是衝著葛洛莉雅來的，應該沒差吧？

跑上反正馬就變賣了

喔～～～

給我去找人
來幫忙。

好的～

要吃嗎？

沒辦法，再
去拜託貫太
吧……

噠
噠

呀——！

哎呀，環
奈妳們在
這呀……

環奈的大學生哥哥
貫太

這、正好！下
次公演又要請
老哥幫忙唷！

我哪有那
閒工夫！
因為……

說不定我連大學
都要念不下去了
啦……

咦——！

貫太就讀的大學 當天上午

貫太，

我記得你有修量子力學對吧？

貫太的大學直屬教授
讚岐教授

啊，是的！

我想那對研究宇宙創生時期會有幫助……

不錯啦是，但
這樣是

授課老師在感嘆你的成績太差唷。

唉，小尺度的東西跟宇宙不同，實在是很不容易……

笑

對了，她這樣說過：

這種分數，我實在不能給他量子力學的學分，

在原子與基本粒子的微觀（micro）世界中，古典物理學是無法適用的。

微觀世界……極小……

跟一寸法師和拇指姑娘好像唷～

啊？

勒

總而言之！

什麼學分那是你自己的問題！

別囉唆了，快來幫忙我們的表演吧！

不要胡鬧啦～～～！

教授救我呀！！

哈啾！

讚岐教授也要來唷～！

◦◦◦ 一寸法師的故事 ◦◦◦

現在我們來複習一下一寸法師與拇指姑娘的故事吧。一寸法師是出自日本民間故事集《御伽草子》※中的故事，開頭是這樣子的：一對老夫婦到神社祈禱能獲得孩子，於是神明賜給了他們身高只有一寸的小孩。但是這個小孩過了好幾年都沒有變大……

一寸是多少呀？

在日本是表示約三公分的小單位唷。

　　某一天，一寸法師說：「我要到京城去，我要成爲一名武士！」他以飯碗當作小船，用筷子當作槳，就這樣划著船開始了他的旅程。一寸法師以繡花針當作武士刀插在腰上，意氣昂揚地離開了家門。

　　一寸法師在京城中某個富豪的家中工作，他很喜歡這個家族的小姐（也就是公主），希望能和小姐永遠在一起。然而就在二人出門旅行參拜的途中，碰上一個要將公主抓走的妖怪。爲了保護公主，一寸法師撲向妖怪，但卻被妖怪一口吞掉。然而一寸法師並不認輸，在妖怪的肚子中用針不斷地刺來刺去。受不了痛楚的妖怪終於投降，將一寸法師吐了出來並逃到山裡去。

　　妖怪逃走時，遺落了一隻能夠實現願望的萬寶槌。公主將它搖了搖，突然，一寸法師竟然變成了堂堂六尺（約182公分）的男子漢。最後二人不但結了婚，還用小槌子敲出各種食物與金銀財寶，過著幸福快樂的生活。

Stomach（胃）被打到可是非常痛的說～

就不用妳作武術說明了！

※集結了從室町時代到江戶時代的故事

◌◌◌ 拇指姑娘的故事 ◌◌◌

拇指姑娘是丹麥童話作家安徒生的代表作～

從前從前，有位女性向魔法師祈求：「我想要小孩，就算身材很小也沒關係，請賜我一個女孩。」結果她得到了一顆植物的種子。這顆種子種下去後開出了鬱金香的花朵，在花朵中生出一位拇指大的小小女孩。拇指姑娘雖然不會長大，但她在盛著水的碟子中一邊划著葉子做的小船一邊唱著歌，每天都快樂地生活著。

小船這點跟一寸法師剛好一樣耶！

某晚，蟾蜍媽媽說：「妳剛好可以嫁給我兒子耶」，於是就把拇指姑娘帶走了。但是拇指姑娘得到了魚與蝴蝶的幫助而逃了出去，可是卻又被金龜子給綁走，帶到森林的深處並將她棄之不顧。

顫抖著步伐的拇指姑娘被老鼠大媽所救，於是便與她同住在地底下的家中，然而住在地底深處的有錢鼴鼠不時會向拇指姑娘求婚，這讓她感到十分困擾。這時拇指姑娘見到一隻昏倒的燕子，她不但救了燕子一命還盡心盡力地照顧牠。恢復精神的燕子這樣說道：「寂寞的拇指姑娘呀，為了答謝妳，讓我帶妳到南方的國度吧。那裡是個非常明亮又非常美麗的地方唷。」

雖然拇指姑娘因為不希望老鼠大媽感到寂寞而一度拒絕了，但老鼠大媽卻強行決定要將她嫁給鼴鼠而讓她難過不已。這時燕子再度飛來並將她救走。最後她終於到了南方的「花之國度」，碰到與自己一樣大小的王子並和他結婚。他們不但收到了祝福的羽毛，而且從此以後都過著幸福快樂的生活。

嫁給鼴鼠不行嗎？

那樣就要一直住在地底下，又暗又沒有花朵呢～

11

貫太就讀的日本總合科學大學

山根，讚岐教授找我們是要談公演的事嗎～？

應該是啦……

不知道演出場地會在哪兒，真是期待呀～！

興奮

興奮

一定是可以容納一千人、有二層樓座位、音響超棒的地方……

BRAVO～

BRAVO～

哇

妳想得美

到啦！教授的研究室！

研究室

讚岐

叩

叩

請進～

早安～～～！

喀

喳

老師好～～～！

喔，妳們來啦。

等一下，為什麼只有貫太在這兒啊？

讚岐教授呢？

什麼嘛～

他臨時到國外出差去了。

嘿啾

咦～!?

翻找

翻找

不過，他有交待要把這個交給環奈妳們……

給大家

變小

變更小

這是……

啾啾槌？

啊，

槌上還有個拉桿呢。

變小

變更小

「變小」、「變更小」……？

這是一寸法師的萬寶槌？

可是這樣一寸法師就沒法變大了說。

13

教授還有留下這封信。

嗯……

各位下次的作品，我已經與我們大學談妥合作公演事宜。會場也確定要在市民會館的大演藝廳。我跟身邊的人講過這件事，他們不但會當贊助者協助支援，還會帶著大票的親朋好友一起來看。

「這次也請各位創作出能讓大家感受到科學樂趣的優秀作品吧！」

這、這下事情大條了……

市民會館的大演藝廳可以容納二千五百人呢!?

軟

耶～！市內最大的演藝廳耶！太了不起了！

環奈講的事情成真了耶～！

哇

呀

可、可是說到「科學」，這次到底要演哪方面的？

我什麼都沒聽說唷

瞧

這麼說來……我在談到量子力學唸得不好時，教授好像有沉思了一下……

嗯

不好的預感……

那這次該不會要演……量子力學？

不行不行不行！

噗嚕

噗嚕

老哥都搞不懂了，我們哪有辦法懂呀！

提示的東西就只有這隻啾啾槌而已耶。

都是老哥害的啦！

這要怎麼辦呀～

♣ 量子力學究竟是什麼？♣

♠ 探討量的最小單位──「量子」的學問 ♠

獲得神秘小槌子的環奈、葛洛莉雅和山根，這三位女孩即將展開追尋物質真相的旅程。但在此之前，我們先對各位讀者簡單地說明一下本書主題：「量子力學」。這裡所講的，有些會與之後的文章及漫畫有所重複，但希望各位將本文當作是一篇前言，輕鬆地瀏覽過去。

正如貫太所說，量子力學是探究極微小世界（微觀世界）的學問，其開端在於分子與原子的發現。在十九世紀末之前的科學研究成果中，發現了各種物質都具有作為最小構成單位的「零件」，用不同的方式組合這些零件就能夠形成萬物。

但，這裡出現了一個問題。

人們越深入研究原子，就發現原子並不符合它一開始的定義──「無法再進行分割的最小粒子」，其構造似乎還可以再繼續分解下去。

仔細想想的話，會得出這樣的結論也是當然的。

如果說原子是如幽靈般曖昧的東西的話，說它「再也分割不了！」那我們或許可以輕易接受。但由於它實際上是以粒子這樣的「物體」形式存在著，所以我們自然會好奇：「如果把這物體分解開來的話會如何？」在進入二十世紀後，人們才真正開始進行探索原子內部構造的研究，這就漸漸與「量子論」這個探索物質、能量，甚至時間等宇宙中「各種現象」最小單位的科學產生關聯。

粗略來說，以上就是量子力學故事的第一幕。

♠ 相對論也無法解釋量子 ♠

二十世紀的前十年，人們開始認為「原子似乎是由原子核及電子所構成的……」，這就是開啟下一個疑問的起始。這個疑問是，以當時的物理學常識看來，這樣構造的原子能夠恆久存在，實在是很奇怪的一件事。

從艾薩克・牛頓（Isaac Newton）開始發展一直總結到十八世紀的牛頓力學為止，人們長時間相信，當時的物理學已經可以完美地說明世間所有

的現象。因此在十九世紀時，甚至有人說：「物理學已經沒有什麼東西可以研究了」。

但是進入二十世紀後，阿爾伯特‧愛因斯坦（Albert Einstein）發表了相對論（1905 年發表狹義相對論，廣義相對論在 1915～1916 年間發表），揭示出若要能夠更巨觀（macro）地觀察自然界，就必需要超越牛頓力學的理論。但是，即使有了這套相對論，我們還是不能說明超微觀世界的原子內部狀態。

比方說像以下的現象：

· 根據古典物理學，繞著原子核周圍轉的電子理應會急速失去能量而往原子核落去，但電子似乎不會這樣落下。
· 當被原子核所束縛的電子掉到更低的能階時，其所造成的能量大小變化無論怎樣都不會是連續的。
· 無法確切標定出電子的存在位置。
· 電子同時存在於好幾處。
· 理應什麼都沒有的真空中，卻突然出現電子。

對過去的物理學來說，只要能知道任何「物體」現在所在的位置以及它運動的狀態，就可以明確標定出它經過特定時間後所處的位置。因此對於運用時刻表的鐵路推理小說來說，不在場證明的鋪設及解答就會是故事的重點所在。但如果是以電子的角度來看，像是「一小時前才坐上東海道的新幹線，現在人卻出現在沖繩」的事可說是家常便飯（當然這是十分誇張的說法啦……）。

換句話說，微觀世界似乎是建立在一種人類過去從來不知道的全新物理法則上。那麼，這個法則究竟是什麼？因為有了這樣的疑問所以誕生了量子力學，並從 1920 年代起就一口氣有了長足的進步。

這可謂是一場知識的大革命。如今諾貝爾物理獎的得獎者幾乎都是由量子力學相關領域的研究學者所囊括。順帶一提，日本歷年的物理獎得獎者：湯川秀樹、朝永振一郎、江崎玲於奈、小柴昌俊、小林誠、益川敏英，也全都是這個領域的研究學者。

量子力學足以與相對論並稱為二十世紀的物理學代表理論，但其實愛

因斯坦的相對論多被視爲「古典物理學」的範疇，今後能夠期待有重大發現的還是量子力學。而且在二十一世紀中，應該可以完成將量子力學與相對論融合起來的量子重力理論，以及能更進一步發展的超大統一理論。對於廣布在整個宇宙中、產生如「反重力」般作用的神秘暗能量（dark energy），以及在巨觀尺度中也會產生特異現象的強烈重力場等現象，是無法僅用愛因斯坦的理論就能解釋的。因此，如果能根據量子力學的概念對相對論進行修訂的話，這必定會成爲地球人所創造的偉大文化之一。

♠ 希望大家就算不懂理論也能夠樂在其中 ♠

我們就要開始進入充滿神奇魅力的量子力學世界中探險了。在其中談到原子內部構造時，會提及相當於日本高中課程「物理Ⅱ」中才會教到的內容，我想大多數人都不是很清楚。因此，除了在漫畫部分會從初步的內容開始說明以外，在此先來介紹幾個對閱讀故事有幫助的基礎用語吧。目前這個階段你不需要強迫自己讀懂，但後面如果有什麼不懂的用語時，希望你能翻回這裡來參考。

●分子（molecule）

在理科的學習中，國語辭典竟能起到意想不到的助力。當碰到看不懂的用語時，與其去翻找難度太高的解說書籍，不如來查查我們身邊的辭典。

在《新明解國語辭典　第五版》（三省堂出版）中，對於分子的解釋是這樣的：

「保有某一物質的化學性質，並且能夠獨立出來的最小粒子」

正如同以上所述，例如水分子是由氫原子與氧原子所構成，但是決定水的性質（沸點、溶點、黏性等等）的是在於水分子的構造，因而水與氫、氧是完全不同的物質。而且氫與氧在地球上本來就不會以單一個原子的方式自然存在，都是兩兩成對以形成氫分子與氧分子。

另外，如果氧以原子狀態環繞在我們四周的話，它的化學反應性會很高，甚至是比劇毒還危險。

●元素（element）與原子（atom）

根據國語辭典，元素的意思是：

「在宇宙的空間中構成某種物質而且無法再用化學方式進行分解的東西。以自然物質存在的元素數目共有九十二種。」

而原子則是：

「在不喪失元素特性的範圍內的最小細微粒子。原子會形成分子。」

　　換句話說，元素是構成物質的最小單位別，而構成元素的則稱為原子。

●次原子粒子／基本粒子（subatomic particle, elementary particle）

　　基本粒子正如其名，是所有物質的「基本」的粒子。以前所指的即是原子，但因為發現原子是由更小的粒子所構成的，因此就不再以基本粒子來指涉之。

　　之後由於量子力學的進步，人們又發現了許多基本粒子的候補粒子，但由於大家不知道它究竟有多小，因而國語辭典對它的說明也不甚清楚：

「並非其他物體的複合體，而是構成物質、電磁場基礎的粒子。例如質子、中子、介子等等。」

　　質子與中子究竟是不是基本粒子，不同的學者有不同的見解，因而難以定義，故此本書盡可能不用到基本粒子這個詞。

●量子（quantum）

　　指的是物質與能量等物理量的最小單位量。為了明確說明它究竟是什麼而發展出的學問就稱做量子論。現今，為了區別出它所探索的量子世界是不同於古典力學者，因而普遍將之稱為量子力學（quantum mechanics）。本書也統一稱之為量子力學。

Q、基本粒子與量子究竟有什麼不同？

A、

　　基本粒子指的是以物理形式存在的最小單位粒子。相對地，量子原本是觀念性的東西，是從「腦中所假設想像的最小單位量」而來的。也就是說，大致說來，基本粒子像是現實世界中的最小單位，而量子則是虛擬的最小單位。隨著研究的發展，基本粒子的稱號從原子被稱為更小的粒子，而相對地，我們也就越能夠確認量子的實際存在。

●連續性與非連續性、或者說是「離散」

　　學習量子力學最重要的觀念就是「離散」。平常我們測量的數值都是作連續性的變化，比方說汽車開動後，速度會從 0 開始到時速 1 公里、2 公里、3 公里……這樣漸漸加速，途中當然一定會有經過速度為 1.1 公里、1.2345678……公里的時候。換句話說，我們可以知道加速中的汽車速度是一連串連續的變化。

　　但是在量子的世界中，這些常識將不再適用。1 公里之後是 2 公里，再來就直接是 3 公里，在量子的世界中只存有非連續的數值，也就是說它是像爬樓梯般一階階上升的。由於這些數值都是分散開來的，所以我們稱這種狀況為「離散」或者「零散」。

●物理學與化學

　　物理的意思是：

「與物質的性質、構造，物體的運動、相互作用或能量等性質相關的法則。」

而探求物理、形成理論的物理學的定義為：

「研究物質的性質與構造，以及運動、熱、光、聲音、電、磁等各種狀態與作用的學問。」

　　另一方面，化學則是：

「自然科學之一，研究物質的構造、性質與物質間變化的學問。」

　　現在量子力學被當作物理學中的一塊，但在發展時期，物理學與化學是彼此揉雜並反覆進行著「假設→實證→確立理論」的循環。

　　那麼現在就讓我們來打開量子力學的大門吧！

第 1 章
「一半的一半的一半……」是什麼？

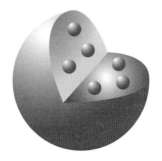

別這樣講嘛～阿基里斯腱本來就很脆弱，甚至還被人當成是弱點的代名詞呢。

阿基里斯（阿喀琉斯）
古希臘詩人荷馬的敘事詩〈伊利亞德〉中的主角

成為阿基里斯腱典故的阿基里斯（阿喀琉斯）是希臘神話中的登場人物，襁褓時，母親將他全身浸入一條具有魔力的河川當中，使他具有刀槍不入的能力。

但由於腳踝的部分被母親的手抓著，因此沒能浸到河水，所以只有這個位置是脆弱的。

Oh! Achilles' tendon!
受傷的話會非常痛耶！

講到阿基里斯就想到「阿基里斯與龜」的故事。

烏龜？

Column　阿基里斯與龜

　　阿基里斯在希臘是有名的飛毛腿。但是有一天，一隻烏龜向他下了戰書。

　　「雖然你的腳程非常快，但只要我先跑出去，你就絕對追不上。」

　　聽到慢吞吞的烏龜這樣說，阿基里斯反駁：「這絕不可能啦」。這時烏龜便畫出如下的圖形開始說明。聽完這些說明後，阿基里斯竟抱頭大嘆自己追不上烏龜。

　　假設阿基里斯的位置在 A，烏龜的起跑位置在 B。

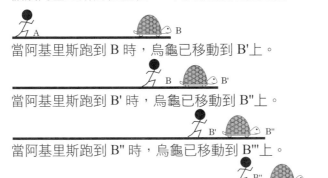

當阿基里斯跑到 B 時，烏龜已移動到 B' 上。

當阿基里斯跑到 B' 時，烏龜已移動到 B'' 上。

當阿基里斯跑到 B'' 時，烏龜已移動到 B''' 上。

　　各位讀者能了解阿基里斯的心情了嗎？你是不是想：「咦？不是應該一下子就追上了嗎？」

　　為什麼阿基里斯會覺得追不上烏龜呢？

　　計算起來，如果 10 秒後阿基里斯會追上烏龜的話，5 秒後二個人（一人與一隻？）相距的距離只有一開始的一半，而到 7.5（＝ 5 ＋ 2.5）秒後距離又縮小到剩下一半、8.625（＝ 5 ＋ 2.5 ＋ 1.25）秒後再剩下一半……這樣不斷反覆去想的話，阿基里斯就會變成無法追上烏龜。

　　只要時間能夠這樣被分割，只要距離這種「物質長度」也能夠這樣被對半分，那麼這種想法就能成立。

這好像是數學問題耶。

雖然是有數學形式的答案，但它原本是哲學的分支之一「邏輯學」所提出的問題。因此在思考上好像永遠沒辦法得到答案一般。

無論想了多久也說不出個解答，

這就是古希臘人芝諾所提出的悖論之一。

我想到另一個越變越小的問題了，

不過不是阿基里斯與烏龜…

老師，

......

怎麼了？

這…還是別講好了，滿丟臉的…

哈哈哈…

哎呀～講一下沒關係啦～

不要啦不要啦～

咦？環奈到哪兒去啦？

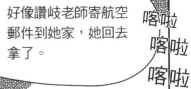

好像讚岐老師寄航空郵件到她家，她回去拿了。

喀啦

喀啦

喀啦

喀啦

來啊，來

也差不多該回來了吧。

我回來啦～！

喀

噹

這是讚岐老師送來的東西嗎？

怎麼可能！

老師寄來的是DVD影音信，

我想說要看就要用大螢幕看…所以就把電視從老哥的房間搬來了。

環奈家裡有這台
電視唭？

我記得應該更小
一點不對呀…

這是老哥去年抽獎抽
到的，擺在他房間裡
專門看 DVD 的啦！

砰！

有人要妳幫忙搬電視注意啊！

環奈——！

是妳把電視
搬走的吧！

啊～！
電線都被磨壞了啦！

破
爛…

沒關係，要播放的話
應該是沒問題的。

閉嘴！

嗒
喳

看俏們要開始了
唭～！

嗚嗚…

啪

大家好。

讚岐老師！

我目前人在美國洛杉磯出差。

那是我家住的那條街耶！

沒錯！葛洛莉雅。

驚

這不是 DVD 嗎？怎麼能對談…

那妳猜猜這人是誰？

超能力嗎！？

最後應該會變成原子或分子…

是的。我想各位在學校中都有學過,物質是由分子或原子組成的。

可是真的會變成這樣子嗎?

在我們日常的感覺中,布丁就算切成一半,也還是布丁。

就算變成小碎片了,嚐起來還是布丁的味道。

這樣怎麼能讓我們輕易地信服,物質是由分子與原子構成的呢?

對吧,環奈?

那我講的說不定是對的唷!

嘿嘿~

老師,到底哪邊說得才對呢?

好,這就要交給山根妳來辦了!

咦?

31

妳的首要任務就是要發展出能說服大家的原子論。為什麼物質是由最小單位原子所構成的呢？

而原子是否真的為不可再分割的最小單位呢？只要妳能找出答案，想必就能編出故事了。

這任務太困難了……

別怕，

晃…

咚

只要看看小槌子，妳就一定會想出好點子的。

小百嗶

小百嗶

噗滋

我也會盡可能早一點回去，在此之前就請妳先想出有趣的故事吧。

See You!

33

在數學裡，布丁是可以一直對半分下去…

但實際的物質就不是如此吧

1　0.5　0.25

形成物質性質的是分子。

？

如果把分子也切成一半的話，它就會變成不一樣的物質了。

布丁是由什麼分子所構成的呀？

嗯～布丁的材料是牛奶、蛋與砂糖，所以…應該是蛋白質、糖與水…

我不知道蛋白質與糖是什麼構成的，但水是由氫和氧的原子所構成。

那分解到原子時，布丁的悖論就算解開了吧？

如果不拘泥在布丁上面的話，原子也可以分解爲原子核與電子。

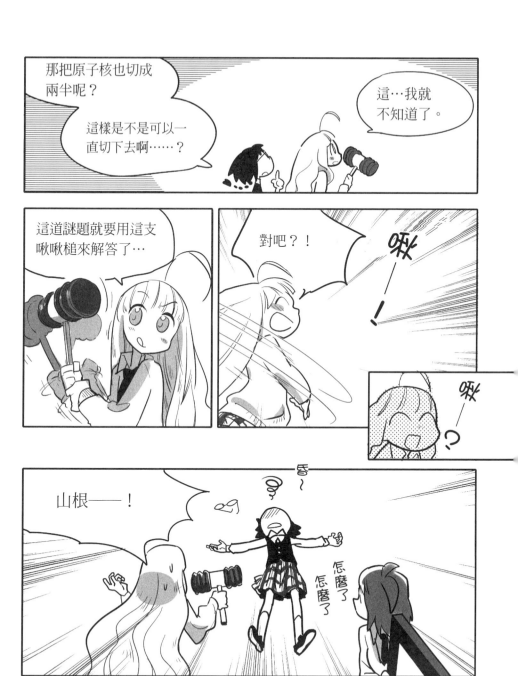

啾～～～～～

嗚…

怎麼回事！？

我在天上飛！？

而且又穿得像是拇指姑娘似的…

難不成…

妳好可愛唷～雖然看起來不像金龜子，但妳好可愛唷～

呀——！

放

哇——！

咦？

嗚嗚…

到了！

肚子好餓唷～

不過如果這裡真的是拇指姑娘的世界，應該很快就能去到老鼠的家中吃飯吧…

抱歉，
請給我飯～～！

啊，山根。

妳好慢唷。

身體變小的話，布丁就可以吃到飽啦～

這是夢、這一定是夢…

嚼

嚼

嚼

嗝

只剩這麼一點了耶～

再這樣吃下去很快就沒有了。

我們真的沒計畫

呼呼呼，沒問題！

這時就用這支萬寶槌…

變小

變更小

噹噹

把我們都變小！

哔～～～

嗚…

好痛痛

巨大

哇～～！

只要我們變小就好了！

這樣又可以吃好多了！

布丁又變小了…

那，

又…

呃⋯

柔柔

這、這是⋯

脂

糖

柔

水

柔

都是泡泡球耶〜

軟軟

脂

跟之前的形狀都不一樣。

嗯，不管啦！

嚼

水

好難吃！

吐

捏拉〜

這是水！

這個又甜到不行〜

柔柔

軟軟

糖

這樣已經不是布丁了嘛〜！

水

眞是的！乾脆這樣吧！

我們就縮小到不能
再小為止好啦!

環奈!?

環奈快住手!
我要被擠扁啦!

擠

揮

糖

山根…這可是
個好機會呀!

啊?

快進去
吧!

嗚噗!

噗

這、這是…

!

把這分開
看看。

41

嗚～～～！！

分不開～它們
黏得太緊了！

嗯～

水分子的氧原子與氫原
子會共享電子而達到強
有力的結合，因此無法
輕易被分離開來。

讓開讓開
讓開～！！

看我來電解它
——！

嘿！

啪
啪
啪

分開了！

山根！！

這裡是…

山根妳醒啦？

這裡是我家寺廟的正殿。

妳突然就昏倒了說。

昏倒？

山根～

怎麼會？

一定是想劇本想得太累的關係啦！

？

？

為什麼頭會痛？

妳講了一堆夢話耶，什麼「輕」啊「癢」的。

啊…

對耶，最後還是沒看到裡面…

？

...星，妳醒啦？

咚

大家都嚇了一跳呢。

貫太學長！！

嗚哇！？

驚 跳起

我以前以為原子是像太陽系，有電子環繞在原子核的周遭…

但其實應該是被像雲朵一般的東西給包裹著吧？

原子？
像雲？

沒錯！這是量子力學所作出的解釋唷！

山根昏倒了都還在想量子力學呀？

這…

舉手…

妳想到故事了嗎？

我不太確定，我想等讚岐教授回來後再跟他談談。

剛才老師聯絡說出差時間會再稍微延長…

咦──！！

咦

那怎麼辦呀！？

所以要我介紹另一位老師給妳們！

辭磨賈問我

另一位…

老師…？

雖然我是不太希望碰到她啦…

？

Column 顯微鏡的發展史

●能自由地放大縮小的知名短片

各位在上理化課的時候，有看過「Powers of ten」這部科學教育短片嗎？在這部十分鐘左右的作品中，最初的場景是從公園裡一對野餐的男女開始。畫面裡畫出一塊代表邊長為一公尺的正方形，前半段以每 10 秒放大 10 倍的速度將攝影機向後拉，接著我們慢慢地就可以看到整個地球、太陽系、最後一直到宇宙整體的景象。附帶一提，Powers of ten的意思不是「10 的力量」，而是「10 的乘冪（10^n）」。

影片後半，攝影機轉而向前推，向著 1 公尺、0.1 公尺、0.01 公尺……的微觀世界前去，最後讓我們看到了原子核的內部。但在作品完成的 1977 年時，有部分理論尚未確知，因此結尾有些模糊不清。即使如此，在那個沒有 CG※的年代卻能夠完成這樣精心的作品，其創作者：設計師伊姆斯夫婦（Charles & Ray Eames）實在非常厲害。

好，為了向他們表示敬意，我們也來想想要怎麼樣去窺探微觀的世界吧。

●人類的眼睛可以看到多小？

人類會感覺到「小」的程度，大約是在 1 毫米（公釐、0.001 公尺＝10^{-3} 公尺）左右。小於這個尺寸的文字，人類就無法辨識。

但是人眼的性能其實非常厲害，即使是更小尺度的世界也都能夠區分辨識。直尺的刻度通常最小到 1 毫米，但我們大概都還能看到 1 毫米的十分之一大小，換句話說有可能到 0.1 毫米的程度。實際上，人眼的光學解析度（能夠辨別二個分離的點的解析能力）大概在 0.1 毫米（0.0001公尺＝10^{-4} 公尺）左右。而塵蟎的大小就約為如此。

但是人類的厲害之處，就在於不會只滿足於看到這個大小的尺度。顯微鏡（光學式）不斷的在進步，光學解析度已經到達可見光的平均波長：500 奈米（0.0000005 公尺＝$5×10^{-7}$ 公尺）的程度，在這個範圍內我們可以觀察病原體的細菌。高性能顯微鏡的開發，對於後來的醫學、藥學、物理學等領域的發展具有重大貢獻，這是不言自明的。

※註：CG（Computer Graphics）指的是電腦圖像學。

● 電子顯微鏡的進步與極限

那麼，原子論以及量子力學所關注的分子與原子，它們的長度（大小）單位大概是多大呢？

存在於自然界中的分子相對較大，在構成蛋白質的碳與氮為主體的有機物中，像是蛋白的主要成分「白蛋白」，其分子大約就是 3-8 奈米。至於在碳系分子中，由六十個碳原子所組成、外型如同足球一般的富勒烯（Fullerene），其直徑大約 1 奈米。光學顯微鏡的解析度如果能再提高二位數以上的話，我們就可以直接看見分子，但實際上這是沒辦法的。可見光的波長為 380 到 750 奈米，因此理論上是不可能的。

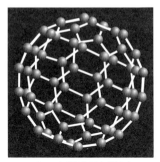

C_{60} 富勒烯的模型

因此，電子顯微鏡出現了。對於研究員來說，它是被暱稱為「電顯」的尋常工具，但對一般人來說，這套裝置怎麼樣構成、如何使用，大家應該都不是很清楚。

電子顯微鏡正如其名，它不用光線，而是用電子射向對象物體來觀察之。由於它的「擴大」原理是將電子射線（陰極射線）在磁場中扭曲而成，因此可以作到比光學式更高的解析度，目前的最高紀錄約為 50 皮米（pic-ometer）。由於 1 奈米＝1000 皮米，所以我們似乎可以看見原子的世界，但實際上卻仍然辦不到。

原子的直徑中，最小的氫約 50 皮米，光從這個數字看來，電子顯微鏡似乎勉強可以看見。但很可惜，原子內部非常的空曠，在正中央的原子核其直徑只有整個原子的十萬分之一。因此即使是最新的電子顯微鏡也沒辦法捕捉到原子的景象。

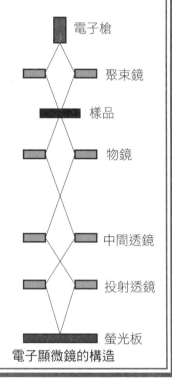

電子顯微鏡的構造

尺度	唸法	數值	與此尺度同樣大小的東西
10^{-35}		1.6×10^{-35}m	蒲朗克長度
10^{-18}	1 阿米（am、attometer）		夸克與電子的半徑上限
10^{-15}	1 飛米（fm、femtometer）		質子的半徑
10^{-11}	10 皮米（pm、picometer）	49.8pm 53pm	電子顯微鏡的最高解析度（2000 年） 波耳半徑
10^{-9}	1 奈米（nm、nanometer）	2nm	DNA 螺旋的直徑
10^{-8}	10 奈米	90nm	HIV 病毒
10^{-7}	100 奈米		染色體的大小
10^{-6}	1 微米（μm、micrometer）	$6 \sim 8$ μm	人類的紅血球直徑
10^{-5}	10 微米	80 μm	人類體毛的平均寬度
10^{-3}	1 毫米	1.5mm	一日圓硬幣的厚度
10^{-2}	1 公分	2cm	一日圓硬幣的直徑
10^{0}	1 公尺	1m	甚高頻（VHF）的最短波長（300MHz）
10^{3}	1 公里	8848m	聖母峰的標高
10^{5}	100 公里	111km	地球上一緯度的長度
10^{7}	10 百萬米（Mm、Megameter）	40,075km	地球的赤道長度
10^{8}	100 百萬米	299,792,458km	光在 1 秒鐘內走的距離
10^{10}	10 吉米（Gm、Gigameter）	58Gm	地球到火星間的平均距離
10^{11}	100 吉米	$1.49597870 \times 10^{11}$m	1 天文單位
10^{12}	1 兆米（Tm、Terameter）	1.4Tm	土星的軌道半徑
10^{15}	1 拍米（Pm、Petameter）	9.46Pm	光在 1 年內走的距離（光年）
10^{19}	10 艾米（Em、Exameter）	14Em	太陽所存在的銀河系部份的厚度
10^{20}	100 艾米	260Em	從太陽到銀河系中心的距離
10^{22}	10 皆米（Zm、Zettameter）	22.3Zm	我們距離仙女座銀河的距離
10^{26}	100 佑米（Ym、Yottameter）	130Zm（137 億光年）	電磁波所能觀測到的宇宙邊緣

尺度的比較

♣ 如果「元素」與「原子」都不存在的話？♣

♠ 如果能夠永遠對半分下去，那問題就大了 ♠

「布丁不斷地對半分下去，最後會變怎樣？」這個疑問，其實是作者我自己小時候想到的。

那時的布丁可說是非常非常高級的甜點，因此昭和年代的孩子們都會緊緊地握住湯匙，竭盡所能地將布丁品嚐的更久些。

現實裡，要切到無法再舀起來的小碎片的夢想是破滅了。但如果我們擁有能切得更小的工具，可以將之繼續對半分下去的話會如何呢？這既是科學問題同時也是哲學問題，因此我們先暫時忘記課本上所學到的說法，換個方式來想想看吧。

我們可以想到二種假設：

假設 1
布丁無論怎麼對半分下去，永遠都是布丁。

假設 2
任何物質都是由某種共通的零件所構成，如果切到如同這種零件的大小時，就沒法再分下去了。

假設 1 會比較好懂。布丁切再小也還是布丁！嗯，這樣真是乾淨俐落，不是嗎？

但是，這樣就會有一些問題出現。

布丁不只有一個種類而已，不同的店家、不同的人做出來的布丁，味道會不一樣，極端來說，即使是同一個人，每天做的布丁味道也不會完全一樣。如果失手放了大量的糖下去，布丁就會比平常做的還要甜。若是在假設 1 的情況下，要怎樣才能解釋這些差異呢？

結果，對假設 1 來說，世界上「物的種類」變成有無限多種了。因為所有物體之間並沒有任何共通的零件，所以這也是沒有辦法的事。

而且要更嚴密來說的話，布丁的上層與下層的味道也不一樣。布丁在凝結的時候，糖份會集中在下面，所以下層會比其他部分更甜。反過來，脂肪則會聚集在上層。

這樣一來，同一個布丁中也存在著各式各樣的「物質」，這樣可就非常麻煩了。

而且，布丁是由牛奶、蛋與砂糖等材料混合加熱後凝固而成，凝固前的液體狀態與凝固後的狀態，二者的內部構造是怎樣變化的，假設 1 也無法說明。那如果混進可可粉做成巧克力布丁的話呢？如果直接冷凍的話呢？……諸如此類的問題，讓檢驗物質真相的研究難以進行下去。

換句話說，「物體可以永遠對半分下去」的說法，對於推論物質的形成是不恰當的。

♠ 應當要有共通的「零件」與結合的「規則」 ♠

我們再來談一下布丁。

布丁的原料是牛奶、蛋與砂糖，當它們被放入平底鍋加熱後，每一種原料最後都會變成黑漆漆的黑炭。如果細心地進行這項工作，它們就會變成細細的粉末，而無法被分辨出哪些是牛奶、哪些是砂糖。

這樣看來，這三種原料會不會是由某種類似的東西所構成的呢？這些東西有可能就是「共通的零件」，只是因為組合方式不同而改變了彼此的型態。這樣的發現呼應了我們的假設 2。

由於牛奶與蛋的構造太過複雜，我們先來想想鹽水（食鹽水）的狀況。

鹽水加熱後會剩下鹽粉，其產生的氣體冷卻後會得到純水，這在國小時就做過實驗了。無論什麼時候做、什麼地點做、由誰來做這個實驗，結果都會相同。

附帶一提，這個「相同的實驗做多少次結果都一樣」的性質就稱為再現性（reproducibility），對於科學來說這是很重要的概念。如果只成功了一次，會被當作碰巧或是失誤，但如果只要備齊相同條件，就能再次產生相同現象的話，我們就把它當作是一種事實。這種思想是近代科學的基石。

言歸正傳。

將前面所得到的純水電解之後可以得到氫與氧，而且二者的比例（體積比）必定是二比一。這點無論是用哪裡的水、是日本的或歐洲的水，結果統統都會一樣。換句話說它具有再現性，因此我們可以得知水這種物質是由 2 單位的氫與 1 單位的氧所構成。

「哎呀，別那麼死板板的，偶爾也可以來一點氫 2.1 和氧 0.9 所構成的水嘛。」就算我們這麼說，大自然也會頑固如初，絕不改變這個比例。

那麼，為什麼溶在水裡的鹽可以再分離出來？而作為水的「原料」的氫與氧也能夠以相同比例再分離出來呢？前面忘記寫到，鹽在常溫下溶於

水的比例為 28％（重量比），這個數值也具有再現性，是絕對的事實。

透過這些事實，可以讓我們發現，這世間所有的物質都是由某些共通的零件所構成，而且它們是根據某些非常明確的規則所組合而成的。同時，看起來、聞起來都各不相同的雞蛋、牛奶與砂糖都同樣會變成黑漆漆的炭，從這現象我們可以知道，這些「構成物質的零件」的種類恐怕是非常地少。

冷靜地觀察、考察「物體」後，我們終於碰觸到了假設 2 中的「共通零件＝元素」的理論。這是不需要學習過課本的知識也能為一般人所認同的理論之一。

♠ 「萬物的元素」是水、空氣還是土？ ♠

既然有了萬物的構成要素、也就是元素的概念，那麼接下來會出現的問題當然就是：「元素是什麼？」

從遠古時代起就有許多人想要解答這個問題，但在這個領域中，古希臘仍是略勝一籌。西元前 8 世紀到西元 2 世紀的希臘，除了地球宇宙相關的研究外，在研究各種學問上都頗為自由，而且科學與哲學也蓬勃地並行發展著，可說是十分先進的社會。

第一位為元素下定義的是哲學家泰勒斯（Thales，西元前624年～西元前546年左右），他認為萬物的根源是水。

他的理論是：萬物都由水所產生，最終也都會回歸到水裡去。

泰勒斯以「直徑上所畫出的圓周角必為直角」的「泰勒斯定理」而為人所熟知，所以他理應具有很豐富的科學知識才是。但他卻主張「元素＝水」，說難聽些，我覺得這只是他的瞎猜而已。證據就是，在同樣的時代中，不同的哲學家對於萬物的根源（古希臘語稱作 "arche"）有「空氣」、「火」、「土」等各種不同的

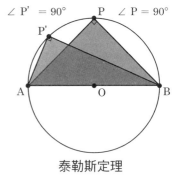

泰勒斯定理

解釋。所以大致上來說，這些都只是他們不同的猜想而已。

即使如此，對於他們鑽研萬物本質這種探究真理的態度，我們還是該予以肯定。畢竟正如接下來會講到的，在這個問題之後有很長一段時期，沒有人再這樣認真思考過。

♠ 即使在古希臘也沒有進步的原子論出現 ♠

談到元素論的歷史，比較會被人所特別提出來的，多半還是古希臘哲

學家兼醫生兼詩人兼政治家（頭銜眞多！）的恩培多克勒（Empedocles，西元前 490 年左右～西元前 430 左右）所提出的理論。他主張物質的根源並非單一種類，而是火、水、土、空氣四大元素。

　　看起來，好像他只是把之前的理論全部摻在一起，作爲晚了泰勒斯兩世代左右的人來說，提出這樣的意見會給人一種打混的感覺，但其實他的意見還是與前人的看法有點不一樣。無論說是水、空氣還是火，「arche（元素）只有一個種類」這樣的說法都帶有某種宗教的意謂，不能說是具有科學性的。相對的，恩培多克勒主張「萬物是透過火、水、土、空氣四大元素的反覆結合與離散而構成的」，這就與之後（應該說，很久之後）的原子論相呼應了。

　　除了恩培多克勒之外，還有其他許多像他這樣不將萬物根源限定在「某樣具體的東西」上的人。其中一位就是與泰勒斯約莫相同世代的哲學家：阿那克西曼德（Anaximander，西元前 610 年左右～西元前 546 年），他所提倡的根源就是「無限（apeiron）」。「無限」是比水還小的概念性物質，而有限的物體都是由它所產生的。乍看之下這似乎與「物體可以不斷對半分下去」的理論是同一種思路，但他的想法是，若將物體不斷分解下去後，最終就會變成某種單一的物質，因此與萬物根源的整個概念是相反的。

　　然後，將這些理論全部總結起來，確立了「一切物質都是由非常小、不可分割的粒子『原子（atom）』所構成」這種原子論的，就是哲學家德謨克利特（Democritus，西元前 460 年左右～西元前 370 年左右）。

　　從元素（arche）到原子（atom）的概念轉換具有重大的意義。爲什麼呢？相對於「元素是萬物之源」這樣模糊不清的定義，原子更有具體的結構特質。簡單地講，相對於元素的計算單位爲「種類」，原子的計算單位則變成「個」，這個差距非常重大。

　　主張「任何事物都不是偶然發生（也就是說都是基於科學理論而發生）」的德謨克利特，他的理論可以說就是當今物理學與化學的基礎。古希臘科學雖然到達如此驚人的層次，但很可惜地，原子論卻無法繼續進步下去。從那時起經過了二千年以上，這塊領域在歷史的發展中就完全停滯下來。一直到十七世紀後半，人類都無法再向前邁進一步。

　　說起來，這也有它無可奈何的理由。

　　如果這疑問是針對宇宙而來的話，那麼只要能正確地觀測天體動向，在某個程度上就能找出證明假設的解決方向。事實上，古希臘時代的人們就是這樣子做的，而且他們連太陽的大小都能試算得出來。

　　但當問題轉向原子時，就會缺乏足以用來驗證的觀測方式，因爲就算

是眼力再好的人也不可能看清到這種程度。因此，即使那是偉大哲學家發表的嶄新學說，也都只能算是紙上談兵而已。不知不覺地，「物體是由什麼所構成的？」這個研究主題就被人們所遺忘了。

♠ 原子應該是更具體的「東西」才對 ♠

接下來，時間要大幅往前跳。

我們要從古希臘德謨克利特所倡導的原始原子論（這不是在繞口令）快轉到約 2100 年後，也就是從十七世紀起到十八世紀的歐洲。

大家都知道，歐洲人從十二世紀左右開始一直到艾薩克・牛頓所活躍的十七世紀末，都在風靡鍊金術。當我們回顧那段歷史時，會覺得他們熱衷的程度實在十分異常。

試想，怎麼會有人認為「由於黃金散發著火焰般的光芒，因此將其他金屬用火長時間鍛燒的話就會變成黃金」，於是便將鐵或鉛連續加熱好幾天呢。但在當時卻有許多科學家竟然非常認真地在幹這種事。

回教社會與東洋人都有嘗試過鍊金術，但相關的研究只有很小一部分，而且都沒有持續這麼長的時間，當覺得無效時人們很快就放棄了。但是西方人在相當於日本的源平合戰起到江戶時代的中期這五百多年間（約是 1180 年～1735 年），即使毫無成果也仍拼了命要「造出黃金」來。

話雖如此，但任何的努力其實都能創造出某些成果，而鍊金術則為人們帶來了許多化學上的知識，物質合成與分析的技術就是其中的代表。除此之外，其對原子論的發展也有不少助力。

比方說，「金屬再怎麼鍛燒也不會變成金」的事實，使得恩培多克勒「火為元素之一」的說法遭到質疑。當然，由於任何金屬埋到土裡都不會變成別的金屬，因此土也是同樣地被懷疑不是萬物的元素。

累積了這許多知識後，最後便由以波以耳定律※為人所熟知的學者羅伯特・波以耳（Robert Boyle, 1627～1691）對古希臘以來的「火、水、土、空氣」四大元素說提出了明確的質疑，他主張「根據實驗，算得上是元素的，應該是一些不可再被分割的物質」。這些物質從一開始的硫磺、水銀、銅、銀等為數不多的物質，一口氣發展出了許許多多的元素，最後人們終於證實了原子的存在。因此鍊金術也並非是件無謂的事。

不過，原子被發現這件事，同時竟也是「原子＝無法再繼續分割下去的物質最小單位」這套預設觀念崩潰的開端，但卻也由此而誕生出量子論以及研究量子行為的量子力學。

※「氣體的壓力與體積成反比、與其絕對溫度成正比」的定律。

Column 古希臘以外的元素論、原子論

「世上萬物究竟是由什麼所構成的？」關於這個疑問，各地區擁有高度文明的人們很早就想過了。但他們的答案都與古希臘的不同，從每個地區的不同解答中可以看出當地的民族特性，因而十分有趣。

在印度：在紀錄佛陀教誨的佛經中也有出現的哲學家阿耆多翅舍欽婆羅（Ajita Kesakambala）主張，「構成『存在』的是地、水、火、風，除此四大之外別無他物」。如果他與佛陀身處同樣時代，那他就是西元前五世紀的人，或許與恩培多克勒的時代相重疊。這樣看來，即使所處兩地域不同，也會有想法相似的人呀。

不過這位阿耆多翅舍欽婆羅（好長！）在佛經中被視為「拙劣的思想家」，而後來印度哲學中構成生物（不是萬物）的元素則變成了「地、水、火、風、苦、樂、靈魂、虛空、得、失、生、死」十二種，看來，印度文明還是重視宗教大於科學的。我個人則覺得將「苦樂」當作人類（也是生物呀）的要素，這個概念其實還說得滿對的呢。

中國與印度自古以來就有文化交流（就像唐三藏與孫悟空的故事那樣），因此元素論的發展也有些類似。但是因為「印度文化中的觀念多為曖昧，而中國文化則喜歡研究直觀」，所以二者最終還是有不同之處。中國形成了至今仍保留著的，世間是由「木、火、土、金、水」五種要素所構成的五行思想，它雖然不是一種科學，但卻作為哲學反應在生活習慣上。例如「在屋子南方以屬火的紅色飾品裝飾，能帶來好運」的風水正是奠基於此。但是五行思想被過度體系化，因而沒有朝著原子論的方向去發展。

另外，被視為古希臘「直系」傳承的文明的，實際上並非是歐洲而是伊斯蘭社會。古希臘所留下的許多書卷都被伊斯蘭各國所活用，但這些國家的神學力量後來愈來愈強，因此離德謨克利特所倡導的科學論也就愈來愈遠。

● 五行思想的例子

　　五行思想是將世間各種事物現象分成五大類、群組化並訂立彼此關聯的思想。像東西南北或春夏秋冬這樣只有分成四份的東西，還是可以加進第五項要素，或許這就是五行思想的深奧之處，也因此才會至今不衰吧，這簡直就像是撲克牌的鬼牌一樣（大概）。

五行	木	火	土	金	水
五色	青	赤	黃	白	黑
五方	東	南	中	西	北
五季	春	夏	長夏	秋	冬
五聲	呼	笑	歌	哭	呻
五志	怒	喜	思	悲	恐
五覺	色	觸	味	香	聲
五味	酸	苦	甘	辛	鹹
五事	貌	視	思	言	聽
五常	仁	禮	信	義	智

五行思想的例子

　　要怎樣在日常生活中活用這種思想呢？基本上它重視的是縱軸的排列，彼此的關聯就像是這樣：「在春天吃初物※時，要向東微笑（歡喜）地吃，福氣就會旺旺來～」但是也不能全都走縱軸系列，偶爾也要加上一點其他列的要素比較好……像是這樣能夠提供建議之處才是它的重點。五行思想關係著算命師的生意，也難怪它距離原子論愈來愈遠了。

※註：當季第一批食材，日本人相信可以滋補延年。

第 2 章
當原子不再是
「atom」的時候

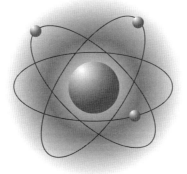

日本總合科學大學

光靠我們自己，還是沒辦法了解原子呢。

而且讚岐教授的出差時間又延長了，搞什麼嘛！

又不是我的錯！

啊，這裡就是代替讚岐教授來教我們原子構造的老師的研究室吧。

研究室

九尾

你怎麼啦？
快敲門呀。

我就是因為這位老師的課準備要被留級了嘛～真不想進去…

沈重

早安～～！

喂！妳！

碰

歡迎歡迎。

我聽讚岐教授說過了，你們想知道原子的構造對嗎？

日本總合科學大學
副教授
九尾真理

女老師耶～！

好漂亮唷～！

貫太！

驚！

是！？

你也來跟這些孩子們一起學習吧。

這樣的話只要再重考，就可以不用被當了唭。

真的嗎？

學量子力學，不能只是死背結論，

知道這些想法怎麼得出來的才比較重要。

說起來所有的學問其實都是這樣子啦。

不錯呀老哥～

對了，各位知道元素有幾種嗎？

氫鋰鈉鉀銣銫鍅……

氫、氦、鋰依序下來，最後是鈾吧。

嗯～

自然界存在的元素共有92種！

沒錯！週期表就是再加上人工元素所作成的一覽表。

你們所用的化學課本裡也有記載吧。

週期表是將元素根據週期律所配置而成的表格，最早是在1869年由俄國化學家門得列夫（Dmitri Mendeleev）所提出。

61

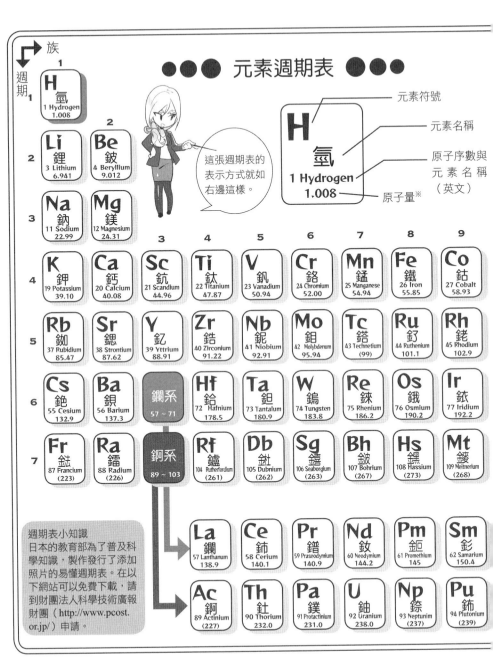

※原子量加上（　）表示這元素沒有安定的同位素，因此裡面記的是其代表性的同位素質量數。

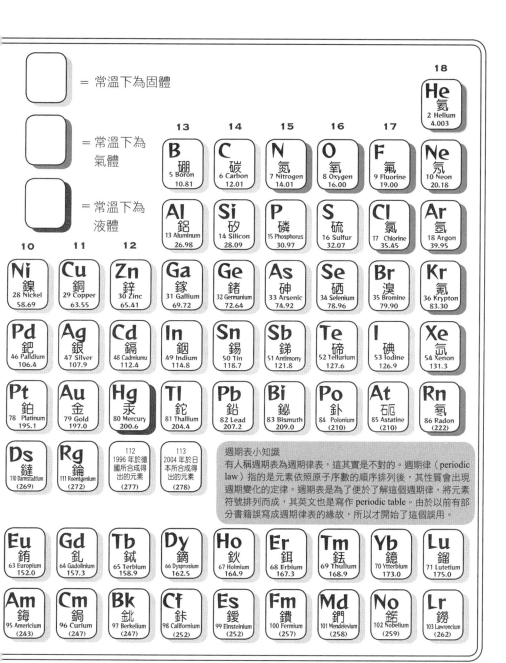

= 常溫下為固體

= 常溫下為氣體

= 常溫下為液體

18
He 氦 2 Helium 4.003

13 B 硼 5 Boron 10.81

14 C 碳 6 Carbon 12.01

15 N 氮 7 Nitrogen 14.01

16 O 氧 8 Oxygen 16.00

17 F 氟 9 Fluorine 19.00

Ne 氖 10 Neon 20.18

Al 鋁 13 Aluminum 26.98

Si 矽 14 Silicon 28.09

P 磷 15 Phosphorus 30.97

S 硫 16 Sulfur 32.07

Cl 氯 17 Chlorine 35.45

Ar 氬 18 Argon 39.95

10 **11** **12**

Ni 鎳 28 Nickel 58.69

Cu 銅 29 Copper 63.55

Zn 鋅 30 Zinc 65.41

Ga 鎵 31 Gallium 69.72

Ge 鍺 32 Germanium 72.64

As 砷 33 Arsenic 74.92

Se 硒 34 Selenium 78.96

Br 溴 35 Bromine 79.90

Kr 氪 36 Krypton 83.30

Pd 鈀 46 Palldium 106.4

Ag 銀 47 Silver 107.9

Cd 鎘 48 Cadmiumu 112.4

In 銦 49 Indium 114.8

Sn 錫 50 Tin 118.7

Sb 銻 51 Antimony 121.8

Te 碲 52 Tellurium 127.6

I 碘 53 Iodine 126.9

Xe 氙 54 Xenon 131.3

Pt 鉑 78 Platinum 195.1

Au 金 79 Gold 197.0

Hg 汞 80 Mercury 200.6

Tl 鉈 81 Thallium 204.4

Pb 鉛 82 Lead 207.2

Bi 鉍 83 Bismuth 209.0

Po 釙 84 Polonium (210)

At 砈 85 Astatine (210)

Rn 氡 86 Radon (222)

Ds 鐽 110 Darmstadtium (269)

Rg 錀 111 Roentgenium (272)

112 1996 年於德國所合成得出的元素 (277)

113 2004 年於日本所合成得出的元素 (278)

週期表小知識
有人稱週期表為週期律表，這其實是不對的。週期律（periodic law）指的是元素依照原子序數的順序排列後，其性質會出現週期變化的定律。週期表是為了便於了解這個週期律，將元素符號排列而成，其英文也是寫作 periodic table。由於以前有部分書籍誤寫成週期律表的緣故，所以才開始了這個誤用。

Eu 銪 63 Europium 152.0

Gd 釓 64 Gadolinium 157.3

Tb 鋱 65 Terbium 158.9

Dy 鏑 66 Dysprosium 162.5

Ho 鈥 67 Holmium 164.9

Er 鉺 68 Erbium 167.3

Tm 銩 69 Thulium 168.9

Yb 鐿 70 Ytterbium 173.0

Lu 鎦 71 Lutetium 175.0

Am 鎇 95 Americium (243)

Cm 鋦 96 Curium (247)

Bk 鉳 97 Berkelium (247)

Cf 鉲 98 Californium (252)

Es 鑀 99 Einsteinium (252)

Fm 鐨 100 Fermium (257)

Md 鍆 101 Mendelevium (258)

No 鍩 102 Nobelium (259)

Lr 鐒 103 Lawrencium (262)

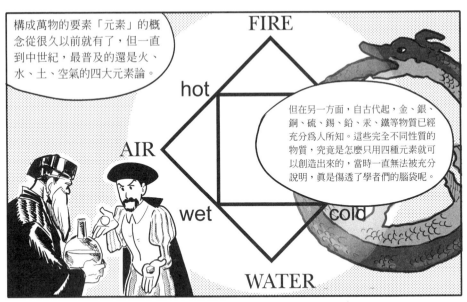

構成萬物的要素「元素」的概念從很久以前就有了，但一直到中世紀，最普及的還是火、水、土、空氣的四大元素論。

FIRE

hot

AIR

wet

cold

WATER

但在另一方面，自古代起，金、銀、銅、硫、錫、鉛、汞、鐵等物質已經充分為人所知。這些完全不同性質的物質，究竟是怎麼只用四種元素就可以創造出來的，當時一直無法被充分說明，真是傷透了學者們的腦袋呢。

的確，光靠火、水、土、空氣等物，實在看不出可以造出黃金呢。

到了十七世紀，英國化學家波以耳曾經這樣說過。

把火或土說成是物質的要素實在太莫名其妙了，元素必定是更具體的東西。

將物質不斷分割變小，最後應該都要變成各式各樣的顆粒才是。

而或許要將這些顆粒組合起來才會創造出各種物質。

而且由於這些微小粒子的運動所以會產生化學反應！

滾動…

嗯～

妳真的有聽懂嗎？

原子的英文 atom，在希臘文中本是「不可分割之物」的意思～

波以耳的想法雖然爲自古希臘起超過二千年都沒有進步的原子論加入了新的一頁，但再來的進步又要花上超過一百年的時間了。

2-2　天才化學家拉瓦節的功績

週期表誕生的故事

當當

時間是十八世紀中期，在法國革命爆發前的巴黎正如漫畫《凡爾賽玫瑰》裡的世界一般。

在璀璨的時代中，一場即將徹底改變科學歷史的偉大事業，正悄悄地在進行著。

波以耳的想法值得參考！

拉瓦節
（環奈）

咦？
為什麼呢？

妻子
瑪莉·安娜
（葛洛莉雅）

如果能夠發現元素的話，就能證明世間所有的物質都有相關性，

也就是說我們就可以更了解自然界的奧秘了。

聽來真是有趣！那我來蒐集相關的論文吧。

他的妻子瑪莉·安娜是位聰穎的女性，不但協助丈夫做實驗，而且還翻譯了最新的科學論文，將實驗結果以正確的圖畫記錄下來，對於拉瓦節的研究來說是不可或缺的存在。

根據那個時代的常識，鐵生鏽時重量會變輕…

但是拉瓦節透過實驗指出，生鏽是鐵與氧結合的氧化作用，所以質量會隨之增加。

看起來的確是變得七零八落的…

破爛…

水蒸氣通過加熱的鐵管再加以冷卻，所得到的水量比一開始還少。

妳認為這些水到哪裡去了？

消失了？

不，實驗之後我測量了鐵管的重量，結果發現鐵管的質量增加了。

由此可知，一定是什麼物質與鐵結合了。

＋
？

會不會就是那些減少的水？

不，並非如此。鐵管中除了水蒸氣外還出現了其他的氣體，這氣體比空氣還輕，而且可以燃燒。

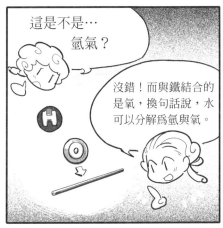

這是不是…氫氣？

沒錯！而與鐵結合的是氧，換句話說，水可以分解為氫與氧。

水可以分解為氫與氧…那水就不是元素了…

嗯！而且我們發現的還不只這些。

鐵管所增加的質量與產生的氫氣質量相加起來，跟一開始準備的水在實驗後所減少的量完全相同。

也就是說，自然這個系統是能夠完全守恆的！

拉瓦節的元素

用化學式來表示拉瓦節所進行的實驗就是這個樣子。

$$H_2O \quad + \quad Fe \quad \rightarrow FeO \quad + \quad H_2$$

※實際上，鐵鏽中也含有 Fe_2O_3 與 Fe_3O_4。

這項實驗是為了證明拉瓦節的最大發現「質量守恆定律」，它同時也顯示出氫與氧比水更有資格被當作元素。後來他將能夠得手的各種物質加熱、燃燒以進行分解，並於 1789 年發表他所發現的 33 種元素。

分類	元素
廣佈在自然界中的物質	光、熱質、氧、氮、氫
非金屬	硫、磷、碳、鹽酸基（氯）、氟酸基（氟）、硼酸基（硼）
金屬	銻※、銀、砷※、鉍※、鈷、銅、錫、鐵、鉬、鎳、金、鉑、鉛、鎢、鋅、錳、汞
土	石灰（氧化鈣）、氧化鎂、重土（氧化鋇）、氧化鋁、二氧化矽

拉瓦節所做的元素分類

真是厲害！

可是這個元素表竟然還有光和熱質在裡面…。

※銻、砷與鉍被分類為半金屬。

熱質指的就是現在的熱能吧，而且他還把化合物也當作元素了。但拉瓦節將元素定義為「以至今所知道的方法無法再分解下去的物質」，因此或許他只是把這些物質當作暫定的元素而已。

但是，這比起火、水、土、空氣的四大元素說已經進步很多了～

英國化學家兼物理學家道爾頓（John Dalton）吸取了拉瓦節的成果，於 1802 年發表了所謂的原子說。

道爾頓的原子說

1、相同元素的原子，具有相同的大小、質量※與性質。

2、化合物是由不同的原子，以一定比例結合而成。

3、化學反應只能改變原子與原子結合的方式，不能產生新的原子、也不能消滅原子。

這樣一來，屬於概念的元素，以及屬於構成物質的原子就被清楚定義出來了呢。

從這時起產生了第一波發現元素的風潮，一直到 1869 年，元素數量一口氣增加到 64 個。這時門得列夫就出場嘍。

※元素的相對質量以原子數來表示。

續・週期表誕生故事

這・是・為・什・麼・呢

…好遜…

這書在…

就是嘛～！戲劇社都這麼缺人了！

我又不是社員！

都跟妳講過了！嗯哩

將元素依照原子量的順序排列起來，其性質會出現一種週期性，這是為什麼呢？

在當時，許多化學家都表示應該將元素依照其性質分為幾個族群。

門得列夫則明確指出，這些性質表現出一種週期性，也就是週期律。

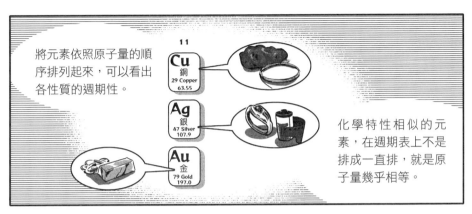

將元素依照原子量的順序排列起來，可以看出各性質的週期性。

11
Cu
銅
29 Copper
63.55

Ag
銀
47 Silver
107.9

Au
金
79 Gold
197.0

化學特性相似的元素，在週期表上不是排成一直排，就是原子量幾乎相等。

因此，只要關注這個週期性，我們就能夠預測出至今尚未發現的元素特性。

結結巴巴

小抄

聽不懂～！

請再說明得詳細一點！

嗚

有疑問～

有疑問

那，讓我們再回到剛才的週期表吧，我來教你們週期表要怎麼看。

呼

呀

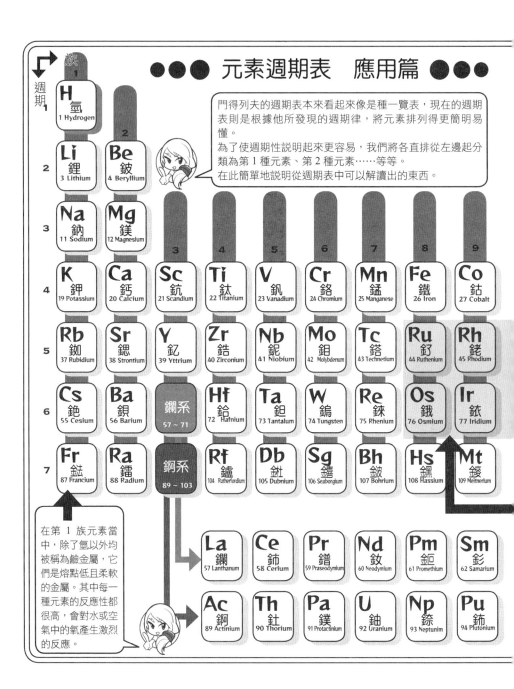

元素週期表　應用篇

門得列夫的週期表本來看起來是種一覽表，現在的週期表則是根據他所發現的週期律，將元素排列得更簡明易懂。

為了使週期性說明起來更容易，我們將各直排從左邊起分類為第1種元素、第2種元素……等等。

在此簡單地說明從週期表中可以解讀出的東西。

在第1族元素當中，除了氫以外均被稱為鹼金屬，它們是熔點低且柔軟的金屬。其中每一種元素的反應性都很高，會對水或空氣中的氧產生激烈的反應。

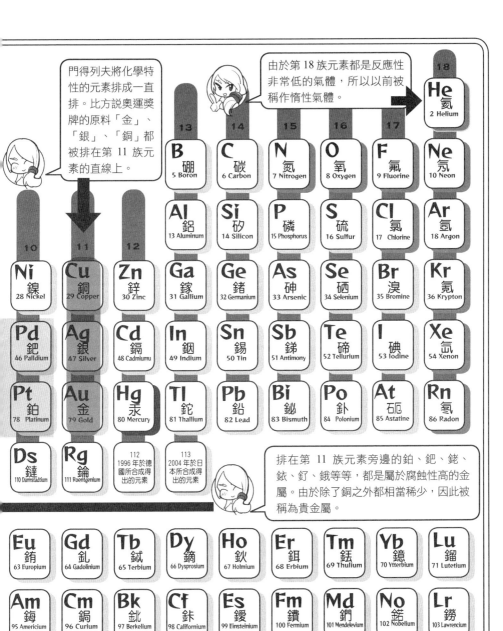

門得列夫將化學特性的元素排成一直排。比方說奧運獎牌的原料「金」、「銀」、「銅」都被排在第 11 族元素的直線上。

由於第 18 族元素都是反應性非常低的氣體，所以以前被稱作惰性氣體。

排在第 11 族元素旁邊的鉑、鈀、銠、銥、釕、鋨等等，都是屬於腐蝕性高的金屬。由於除了銅之外都相當稀少，因此被稱為貴金屬。

有了週期表，我們就可以預測出其他可能還有什麼樣的元素，了解萬物之源——元素的整體輪廓了。

但是週期律的發現，也顯示出原子並非構成物質的最小單位唷。

為什麼？

因為元素間出現了有規律的相似性質，這就表示它們有共通的構造呀。

什麼意思？

聽不太懂

喀

妳來喝這兩杯水試試吧？

我剛好口渴呢～

咕

噗咘！

好鹹！這是
鹽水嘛！

妳眞是
夠了！

接下來喝這
一杯。

嗚 嘶

戰戰
兢兢

舔

啊，好甜！
這杯是糖水！

鹽水與糖水的味道
完全不一樣對吧？

可能有人會認爲這二者是
完全不同的物質，但它們
其實是有共通點的唷。

共通點？

鹽　糖

比方說，它們都可以喝、都是透明的、都會流動、加熱的話會產生出鹽與砂糖。

它們的共通點就是幾乎都是水嘛。

妳這樣的想法更好唷。

原子如果真的是「無法再被分割下去的物質」的話，照理來說應該彼此沒有共通性，也不能根據特性分成族群才對呀。

是的。但是，之前人們才拼命地找出被當作是「形成物質的最小單位」的元素、以及構成其元素的原子，沒想到研究下去後卻發現，原子似乎還有內部構造。

既然如此，當然就會產生

「原子是不是也能被分割呢？」的疑問，而這就是從分析化學邁向量子力學的轉捩點唷。

♣ 回歸原點的原子之旅 ♣

♠ 拉瓦節所打開的原子之門 ♠

原子的英文是「atom」。正如漫畫中葛洛莉雅說的，它是古希臘語「不可被分割之物」的意思。但是人們一步步探索著原子究竟是什麼的同時，就愈加覺得這個定義很有問題。

讓人們正視這問題的人就是法國化學家拉瓦節。

一般量子力學的解說書中不會談到拉瓦節。或許因為作者們幾乎都是物理學家，所以會把身為化學家的拉瓦節當作圈外人吧。但是如果量子力學的本質是以科學知識解答「將物質不斷分割、分解下去會如何？」這個哲學命題的話，在那個時代，最認真面對這個問題的就是他了，因此我們還是得請他出場。

藉此機會，我們也稍微介紹一下拉瓦節這個人物的生平吧。

拉瓦節在化學史上是一位光輝耀眼的人物，但他的本業是稅務官，負責向市民徵收稅金。在法國大革命（1789 年）以前的絕對王政時代，他之所以能獲得這份職業，是因為他是屬於特權階級的貴族。

他對小地方非常堅持，錙銖必較的性格或許剛好適合擔任處理金錢事務的稅務官吧。但是比起本行，他更熱衷於投入夜晚或週末所進行的化學實驗上。拉瓦節不斷地發表對科學學院來說屬於劃時代的論文，所以很快地就在這塊領域中嶄露頭角。在漫畫中也有提到，在學習國中化學裡的化學反應時首先會教到的「質量守恆定律」就是他發現的。

質量守恆定律
「在化學反應的前後，所有牽涉到這次化學反應的元素種類及各元素的質量均不會改變。」

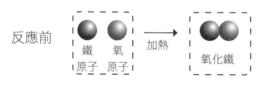

反應前　鐵　氧　加熱　氧化鐵　　反應後的質量也不會改變
原子　原子

♠ 唯有實驗能夠證實的才是事實 ♠

拉瓦節確實是位偉大的學者，但他對實驗投注的熱情卻非常超乎常理。為了證明「鑽石是碳的結晶」，竟二話不說將鑽石拿來燒掉。雖然他是位不為五斗米折腰的高潔之士，但也實在該看一下現實狀況才是。在那個時代的法國，百姓正為饑饉所苦，就算是為了科學實驗，把鑽石拿去燒也實在太超過了。因為不時地發生這種事，所以造成了人們對他的怨懟，當革命發生後，「既是貴族又是稅務官」的拉瓦節就成為了革命者的目標。因此他遭到了逮捕，最後還被送上了斷頭台。

這事件的背景，據悉還與醫師兼化學家的讓-保爾·馬拉（Jean-Paul Marat）有關。馬拉作為一個學者不過只有二流的等級，他所寫的一篇論文缺乏實驗只有臆測，因此遭到拉瓦節的批判。附帶一提，當時還有不少學者都是這種狀況，所以堅持以實驗證明理論的拉瓦節才會被稱為「近代化學之父」，但嚴厲的父親往往都會受到孩子的怨恨。馬拉因為在與拉瓦節會面時被瞧不起，而讓他一直懷恨在心。後來當馬拉當上革命領導者時，他就提議將拉瓦節處以死刑。一位學者對於這樣愚蠢的行為感嘆道：「砍下拉瓦節的頭只要一瞬間，但要產生相同頭腦的人卻要花上百年」。

另外，馬拉也由於這種不良的性格而招致災禍，在革命後的派系鬥爭中一下子就被反對派給暗殺掉了。而且這事件的發生還比處刑拉瓦節來得早。

♠ 自然界中充斥著「整數」 ♠

讓我們再多講點十七至十八世紀的事情。

提倡原子說的道爾頓的功績之一，就是在 1803 年發表了「倍比定律」。這就是：

「當Ａ與Ｂ二種元素進行化合，產生各種化合物時，Ａ與Ｂ的質量會彼此呈簡單整數比。」

舉個簡單的例子。碳與氧會形成二種化合物：一氧化碳與二氧化碳，在 28 公克的一氧化碳與 44 公克的二氧化碳中都含有 12 公克的碳。因此碳與氧的質量比例就為：

一氧化碳……碳 12 公克：氧 16 公克＝ 3：4
二氧化碳……碳 12 公克：氧 32 公克＝ 3：8

見到這種結果，道爾頓想：

「原子是不能再分割下去的粒子，對於一個碳原子來說非為整數個數的氧原子結合而成的化合物是不可能存在的，所以倍比定律才得以成立。」

這是原子說的有力證據。

不只是倍比定律而已，自然界到處都充斥著整數。

比方說，前一章也有談到的水的電解，氫與氧的體積比必定為 2：1，重量比也必定為 1：8，均呈簡單的整數比。

這是因為它產生了如下的反應：

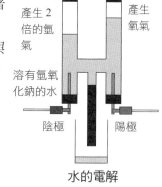

水的電解

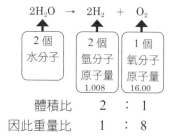

| 體積比 | 2 | ： | 1 |
| 因此重量比 | 1 | ： | 8 |

另外，體積會成整數比，是根據：

「同樣壓力、同樣溫度、同樣體積時，所有種類的氣體均含有相同數量的分子」

這條「亞佛加厥定律」〔由義大利物理學家阿莫迪歐・亞佛加厥（Amedeo Avogadro，1776～1856）於 1811 年發表的定律〕，由於氫與氧的原子量分別為 1.008 及 16.00，重量比就大約為 1：8（H_2 與 O_2 的分子數為 2：1）。

另外，氫的原子量之所以不是完全整數的原因，在下一章以後將會說明。

♠ 原子這種「零件」所暗藏的結合規則 ♠

這種「自然界中充斥的整數」，是我們打開下一道大門、邁向原子內部的鑰匙。

如果原子可以被看做是積木的話，它的組合方式就相當地自由。當我們疊積木時，可以想出如下列各式各樣的方法。

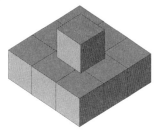

如果沒有一定的組合方式，那要怎麼組合都是可行的

如果原子是這種構造的話，要說明倍比定律就有點困難了。

現在試著將原子看做樂高（LEGO）或 Diablock※之類的東西，這時組合的方式就變得有一定的模式了。在上下重疊的情況中，零件的位置關係也可以表示成整數比。

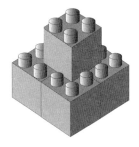

由於組合方式有它的法則，組合就變得有模式存在了。

自然界中充斥著整數，或許就表示原子的結合遵守著這固定的規則來產生出分子，繼而產生出物質。這樣一來……

原本的想法是：原子是不可再分割下去的「atom」，這時就產生了重大的疑問。如果原子的結合是如同玩具零件般遵守一定規則的話，那麼其中必定有某種規律的、各種原子都共通具有的內部構造才對。

※註：日本製，同樣類似於樂高的組合玩具。

樂高或Diablock的本體都是四角形，上頭有圓柱狀的凸起，而它的內側則有凹洞。將這些凹凸相對，就能將之組合起來。零件形狀的不同處，關鍵就只在於這些凹凸的數量而已。

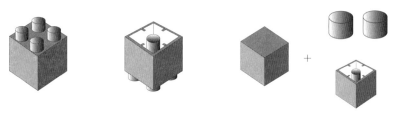

具有「四角本體＋凸起部份＋凹陷部份」這種內部構造的零件

　　雖然我們不能實際將樂高或Diablock的一塊塊組件分解開來，但如果在腦中想想就可以知道，它們是由「四角本體＋凸起部份＋凹陷部份」所組合而成的。換句話說，它們都是具有內部構造的零件。

　　如果原子是基於一定的規則來進行結合等種種反應、而且整數比的定律又是成立的話，那或許原子的內部也存在著如樂高零件式般的共通機制。十九世紀後半應該已經有學者有這樣的想法了，可惜當時並沒有能夠確認原子內部構造的方法。

　　就這樣，在情勢未明的狀況下，承續了量子力學的極微世界科學就進入了命運的時代——二十世紀。

Column 能夠看到原子的顯微鏡！

●超越電子顯微鏡的STM

物質是由「原子」這種粒子所構成的！這種思想在近代的十八世紀後半逐漸爲人所接受。而自 1920 年起原子構造解析的飛躍進步，關於這部分只要繼續閱讀後面的漫畫就能了解了。但即使如此，長久以來，原子這種「微粒」究竟是不是實際存在？所有學者對此都是半信半疑，畢竟誰也沒有實際見過原子的面貌呀。

但是在正式開始研究原子二百年後的 1982 年，當人們利用新研發的掃描式穿隧顯微鏡（Scanning Tunneling Microscope＝STM）拍攝金的表面時，終於成功地看到了原子一顆顆分開來的狀態。由於這項成就，顯微鏡發明人葛德・賓尼希（Gerd Binnig）與海因里希・羅雷爾（Heinrich Rohrer）於 1986 年獲得了諾貝爾物理獎。

●以尖銳的針來刺探原子

下面我們將說明STM的原理。首先要準備金屬製的「針」。這項被稱爲「金屬探針」的零件是左右STM性能最重要的部份，其尖端必須尖銳到只有一顆金屬原子的大小而已，材料則是用鎢等金屬。之後將探針靠近欲調查的金屬表面左右移動，這時對樣品與探針施以電位差，讓電通過二者之間極其微小的空間以形成電路，這是最重要的部分。

接下來的原理十分複雜，但要說得簡單讓大家容易理解的話，就是電路中流動的電量，會根據金屬探針與金屬樣品表面的距離而改變，所以探針會爲了維持固定距離而上下移動，這樣就能自然地描繪出樣品表面的形狀了。之後人們可以根據如此所得到的資料做計算、進而畫出三維的圖像。於是我們就能一窺垂直解析度只有 10 皮米、比電子顯微鏡更小一位到二位數的世界樣貌。而葛德・賓尼希更進一步應用STM於 1985 年開發出原子力顯微鏡（Atomic Force Microscopy＝AFM）。這種顯微鏡不用電路電流，而是改用分子、原子間作用所產生的電磁力，因此對導電金屬以外的樣品也可以進行原子等級的觀測。

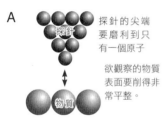

A 探針的尖端要磨利到只有一個原子

欲觀察的物質表面要削得非常平整。

將探針尖端接近欲觀察的物質表面，由於量子力學的穿隧效應的關係會有電流流過。

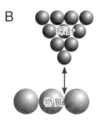

B 原子的位置變動時，如果探針尖端與物質表面的距離變遠，則電流就會變弱……。

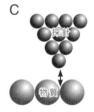

C 為了使電流流量相同，探針會調整它的高度。其結果使得探針的動態剛好描繪出物質表面的形狀，其變化量經過電子增幅（擴大）後就能畫出圖形。

掃描式穿隧顯微鏡（STM）的原理

●要看到「原子」要付出多少代價？

　　下面來點閒談。那麼，這樣高性能的顯微鏡到底價值多少錢呢？

　　如果是光學顯微鏡的話，便宜的大概是 2,000 日圓（約 750 台幣），即使是專門用來研究的最多也大約只要 20 萬日圓（約 7 萬 5 千台幣）左右，因此在國小、國中都有。

　　但如果是電子顯微鏡的話，價格可就昂貴許多。研究或研發用的等級大概都在 1,000～3,000 萬日圓（約 370 萬～1,100 萬台幣）上下（當然也有價值數億日圓的高級品，僅 500 萬日圓的所謂破錶價製品也是有的）。這樣的價格帶，即使是大學機構也只有特別有錢的學校才有辦法購買。但對企業而言，如果買個幾千萬日圓的顯微鏡就能獲得幾億日圓的利益，那也是划算的了，因此電子顯微鏡在各製造公司的研究機構或研發中心等部門都隨處可見。我曾經聽裡面年輕的工作人員說：「在這工作，最棒的就是可以自由使用這些電顯呀。」

　　雖然現在終於有了能夠「看到」原子的掃描式穿隧顯微鏡，但在這種等級的顯微鏡下，空氣仍會對觀察造成阻礙，因此除了望遠鏡本身外，還需要能製造超高真空環境的機器，所以總費用加起來要超過 5,000 萬日圓（約 1,900 萬台幣）！就算有大企業購買這套儀器，往往也都是深鎖在房間裡嚴密看管著。

　　話說回來，如果是開發新金屬材料的製造公司，多半會擁有掃描式穿隧顯微鏡。因此如果能參加其研究機構的觀摩活動的話，說不定就可以免費看到金屬原子。

第3章
要怎樣探索原子內部？

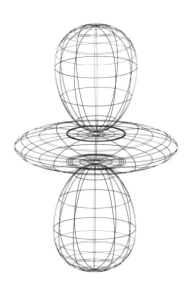

環奈怎麼還不來…

都已經超過時間了～

環奈這傢伙，要晚到也先聯絡一下嘛！

電話也不接！

抱歉抱歉，等很久了嗎－！？

噠噠噠

嗨～

噠噠

呀－－！！

貓咪？

對呀，因為黑貓在誘惑著我嘛～

那真是難以抗拒呀～

貓大媽也遲到了！

對了，上次九尾老師說過…

要小心貓咪唷

難道是指這個？

不會吧…

研究室

九尾

今天稍微晚一點開始，真抱歉！

我們剛剛有先做過補習了。

對了，妳們都有去看過一些原子的書了吧？

有～

有！

原子是由中央的原子核與周遭的電子所構成，

原子核是由質子與中子所構成的！

而質子和中子則是由叫做夸克的基本粒子所構成的～

質子

中子

原子核　電子

夸克

妳怎麼變那麼用功？

這書上都有寫嘛～

大家都這麼用心研讀真了不起。

今天我們就來學電子與原子核吧！

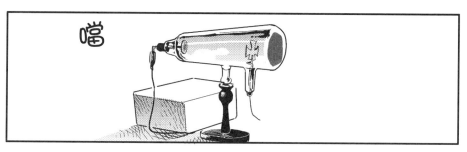

噹

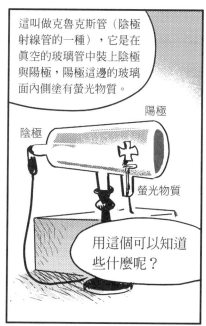

這叫做克魯克斯管（陰極射線管的一種），它是在真空的玻璃管中裝上陰極與陽極，陽極這邊的玻璃面內側塗有螢光物質。

陽極

陰極

螢光物質

用這個可以知道些什麼呢？

來，看著。

葛洛莉雅，請將燈關掉。

啪

91

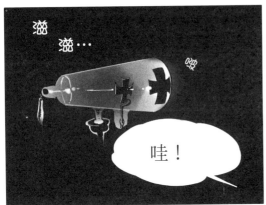

滋
滋…

哇！

好漂亮喲～！

十字的影子
好清晰！

能夠形成十字形的影
像，就是有東西從陰極
飛向陽極的最好證據。

這東西，該不會
就是電子吧？

正是如此。

這種現象雖然在十九世
紀後半就為人所知，但
一開始人們並不清楚是
什麼東西飛過去。

好
亮

但是學者們研究之後得知了很多東西。

①小的風扇接觸到陰極射線時會旋轉。
②在克魯克斯管等各種放電管的上下方設置額外的陰極與陽極來形成電場時，陰極射線會向陽極的方向偏去。
③用磁鐵形成磁場時，陰極射線也會彎曲。

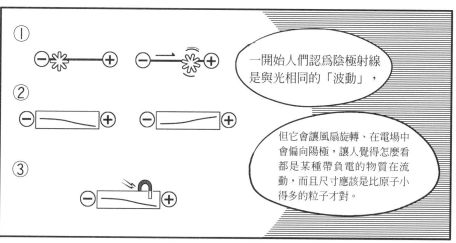

一開始人們認為陰極射線是與光相同的「波動」，

但它會讓風扇旋轉、在電場中會偏向陽極，讓人覺得怎麼看都是某種帶負電的物質在流動，而且尺寸應該是比原子小得多的粒子才對。

為什麼會覺得它比原子還小呢？

無論陰極射線射出多少，陰極上的金屬依舊不會變小或變扁對吧？

這樣當然就讓人覺得它射出的是比原子小很多的東西囉。

而且由於陰極射線能通過薄薄的金屬箔紙，所以可以證明應該是有比原子更小的物質存在。

怎麼了？

這個管子只要通上電源就會有電流流過對吧？

是呀，它會形成一道電路。

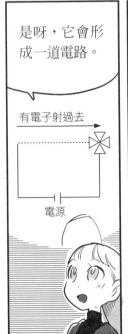

有電子射過去

電源

那電實際上不就是電子嗎？

這物理課學過啦。

大發現

這樣啊～我還以爲是個大發現呢…

失望…

這樣的想法很重要唷。

英國物理學家 J. J. 湯木生

「電流是不是就是這個帶負電的物質在移動呢？」

他也發現到這點。

由於是電的孩子，所以就被稱作「電子」。

在英語中，電是 electricity，電子是 electron。

好，這就回到正題上了。

電子比原子還小，而且是從原子當中射出來的。

依據這些，許多科學家都在思考著原子的構造究竟是如何構成的？在這些科學家中的早期代表有剛剛所說的 J. J. 湯木生以及日本的長岡半太郎所創造出來的模型。

早期的原子模型

湯木生的原子模型（別名：西瓜型模型）

湯木生的原子模型

　　這是由英國物理學家、同時也是電子的發現者約瑟夫・約翰・湯木生（J. J. 湯木生，Joseph John " J. J." Thomson）於 1903 年所提出的模型。在陰極射線的實驗中，即使放射出電子，電極也不會有變化，因此湯木生認為原子的「本體」是一定程度大小的球狀體，裡面均勻地充滿著帶著正電荷的非粒子狀（像果凍般？）物質，同時內部還存在著抵銷這些電荷的電子。

　　由於這很類似於西瓜與種子的關係，所以在日本稱其為「西瓜型模型」，而在國際上則稱之為葡萄乾布丁模型（Plum pudding model，或譯為梅子布丁模型）。附帶一提，葡萄乾布丁指的正是 J. J. 湯木生的國家——加入了大量葡萄乾等乾果類所烘製而成的英國傳統耶誕節蛋糕點心。雖說是布丁，但也是有很多種不同類型的！

長岡的原子模型（別名：土星型模型）

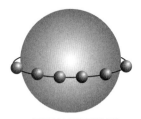

長岡的原子模型

　　這是由日本物理學家長岡半太郎於 1904 年提出的模型。正中央有帶著正電的大型顆粒狀構造，這點與湯木生相同，但其特徵在於電子環繞在四周的「行星與衛星」風格。換句話說，雖然仍未完備，但他已經有了「原子核」的概念。這是十分劃時代的想法。

　　長岡首先在東京數學物理學會上發表關於這個模型的想法。當時是明治 37 年（1904 年），日本正處在日俄戰爭的動盪時期，對於學術並不甚重視，所以他的學說反而是在海外比較受到矚目。但是由於無法充分解釋「為何電子能夠不喪失能源而持續旋轉」，因此在國際上也漸漸為人所淡忘。

Column
日本物理學之祖
長岡半太郎的偉大成就

在原子模型的早期研究中獲得世界級成就的長岡半太郎，是被稱作日本物理學之祖的偉大人物。

在明治維新開始前 3 年，長岡半太郎出生於大村藩（現在的長崎縣大村市），是當地藩士的獨生子。他進入當時剛設立沒多久的東京大學學習物理，大學畢業後就直接留在學校，從副教授當到了教授。期間他曾到德國留學，學習當時最尖端的學問——原子論。他的研究對象除了後來繼承了量子力學的原子物理學外，也持續在研究地球物理學及宇宙物理學等。一直到他 85 歲過世當天，他都還在看著物理學的書籍。

長岡半太郎
（1865～1950）

看到這些經歷，各位或許會覺得他是位高不可攀的人物，但實際上長岡半太郎為人親切而有魅力。在大學時代，他曾為「東洋人有沒有不輸給歐美人的獨創見解呢？」而感到煩惱，所以曾經休學 1 年來深思是否要改唸漢學。雖然最終還是選擇物理學作為終身之路，但也由於當時日本尚未得到國際的認同，所以他心中一直都存有這些複雜的情緒。據說當他想出獨特的原子模型卻沒有積極地在海外學會進行發表，也是因為這樣的關係。

即使如此，隨著時代的演進，他也注意到了國際性活動的重要性，他心想：「至少該讓後進們走上光輝的道路」，因而於 1939 年向瑞典諾貝爾獎委員會大力推薦湯川秀樹。在二次大戰結束後 10 年，湯川博士能於 1948 年得獎，都可說是多虧了長岡的推薦。而之後朝永振一郎的接續得獎，更讓全世界都知道了日本的物理學已達到國際級水準。

不只是湯川與朝永而已，與長岡具有師徒關係的許多人都是優秀的學者，光是諾貝爾獎得獎者就高達有六人，若再加上今後被認為有機會得獎的人士，真可以說研究量子力學的這股潮流是由長岡一手建構出來

的也不爲過。接著我們就來簡單介紹一下這些後輩們。

　　佐藤勝彦是宇宙膨脹論的提倡者；而佐藤文隆與富松彰則是在黑洞研究領域上的頂尖人物，在海外也非常知名。

　　另外與仁科芳雄同爲長岡愛徒的本多光太郎，在金屬相關的研究上是世界級的權威。在本多門下的科學家與技術學者在許多企業中從事研發工作，說他們的活躍打下了「工業先進國日本」的基礎，可一點也不爲過。

　　打下基礎，讓日本從最新的物理學一直到機械工業、電子工業都能夠蓬勃發展，長岡半太郎的成就實在是非常地偉大。

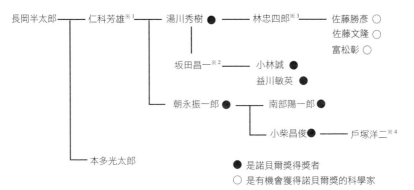

日本物理學的族譜

※ 1　**仁科芳雄**：被稱為「日本近代物理學之父」的科學家。致力於創建日本量子力學的研究據點的同時，在宇宙射線及粒子加速器的研究上也有許多成就。

※ 2　**坂田昌一**：他是使湯川秀樹獲得諾貝爾獎的介子論文的共同執筆者，也是世界知名的基本粒子物理學研究先驅。

※ 3　**林忠四郎**：天體物理學家，將恆星‧行星系的整體形成過程整理成標準模型等是其重大貢獻。

※ 4　**戶塚洋二**：研究宇宙射線的頂尖人物，也是美國版諾貝爾獎的班傑明‧富蘭克林獎章（Benjamin Franklin Medal）的得主。2008 年過世時才 66 歲，人們都認為若他能再多活 2 年，應該就會得到諾貝爾獎。

如果妳們是十九世紀的人，會覺得湯木生模型跟長岡模型哪個正確？

我說
我會選西瓜型！

爲啥？因爲妳喜歡西瓜？

對對對，冰冰涼涼地咬上一口…

不是啦！

因爲原子是一切物質的零件嘛！

所以形狀要簡單才好堆起來嘛！

的確，長岡模型的土星環看來就像九連環一般卡在一起呢。

卡啦

沒錯，所以一開始人們都認爲湯木生模型比較正確。

但隨著實驗的進行，人們發現一些現象的顯示並非如此…

抓

請把你剛剛唸的拉塞福散射說明一下吧？

是…

歐尼斯特・拉塞福
（Ernest Rutherford，1871～1937）

生於紐西蘭的英國物理學家。1911 年進行的這個散射實驗雖然以拉塞福為名，但據說實際的實驗作業是由漢斯・蓋革（Hans Geiger）和歐內斯特・馬士登（Ernest Marsden）等助手們進行，拉塞福只是聽取他們的實驗結果來進行探討而已。

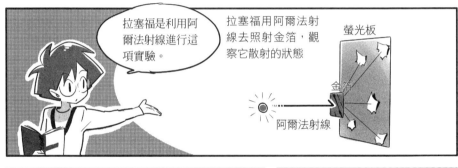

拉塞福是利用阿爾法射線進行這項實驗。

拉塞福用阿爾法射線去照射金箔，觀察它散射的狀態

螢光板

金箔

阿爾法射線

放射線是從鈾或鐳等部分物質（放射性元素）中射出、帶有高能量的電磁波或粒子射線，分為阿爾法、貝塔與伽馬射線等種類。阿爾法射線是阿爾法粒子的流動，而阿爾法粒子是由二個質子與二個中子所構成的氦的原子核。

完全聽不懂啦！

不用想得太難，只要把它想成是帶正電的顆粒，像子彈般射出去就好了。

阿爾法射線能夠通過薄的金屬箔這點是已經知道的，要注意的是當射線通過時會受到什麼影響。

妳們覺得會如何呢？

是不是都散射出去了呢？

砰——!!

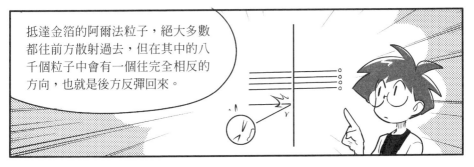

抵達金箔的阿爾法粒子，絕大多數都往前方散射過去，但在其中的八千個粒子中會有一個往完全相反的方向，也就是後方反彈回來。

？
為什麼會這樣啊？

啊！

葛洛莉雅好像已經知道了唷。

那我們先移動到另一個地方來學習。

微笑

陰暗…

特別研究室

閒雜

危險勿入！

這…這裡是學生禁止進入
的「特別研究室」…！

沒錯

看起來
真恐怖～

喂，裡面好像
有什麼聲音…

喀啦
喀啦

喀喳

啪喳

咚

好痛～～！

痛痛痛～

啊！

喔，
你們來啦？

讚岐教授！

老師你什麼時候回來的呀？！

抱

你知道我有多辛苦嗎！？

什麼話

哎呀這個

我才剛到沒多久唷。想說你們等一下就會到這兒來了，所以先來這等。

不過…

這座豪華的撞球檯是哪來的？

我們用研究經費買的呀，費了好大一番工夫呢♥

唉

可別跟其他同學講唷～

WE ARE HUSTLER!

什麼嘛…

哎呀，不過利用這座撞球檯，可以重現剛才講的拉塞福實驗唷。

是要再現拉塞福實驗中，在通過金箔的阿爾法射線的八千個粒子中有一個反彈的情況對吧？

叩

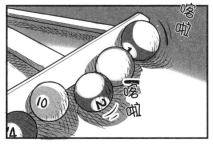

喀啦

喀啦

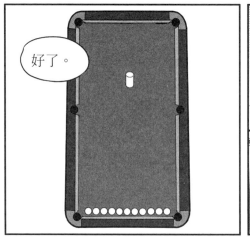

好了。

那，我就讓球同時從同一個方向射出。

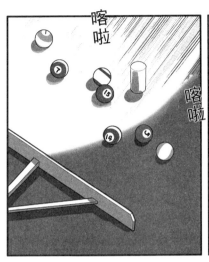

喀啦

喀啦

喀啦

喀啦

叩

啊！

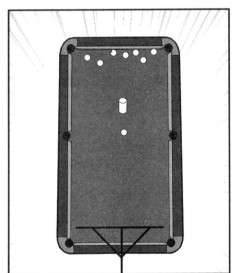

如何？

因為阿爾法射線帶正電，所以接近同樣帶正電的原子核時就會改變路徑，像是反彈一般。

幾千個裡面只有一個會反彈，意思是說…

啊！

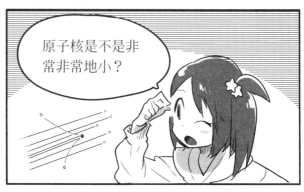

原子核是不是非常非常地小？

答對了！

耶～

接下來我們來實驗湯木生的原子模型吧。

軟軟

這是毛氈料嗎？

在湯木生的原子模型中，正電與負電是四散開來的，阿爾法粒子不會受到這麼大的影響，因此會像這樣。

要推了唷

喀啦

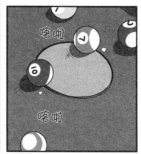

喀啦

喀啦

喔喔，

雖然路徑多少有點改變，但全部都到對面去了！

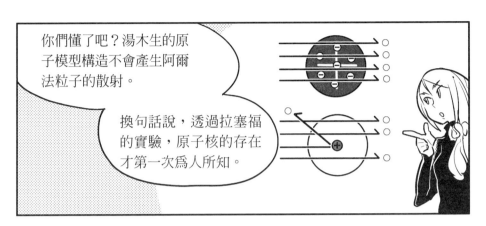

你們懂了吧？湯木生的原子模型構造不會產生阿爾法粒子的散射。

換句話說，透過拉塞福的實驗，原子核的存在才第一次為人所知。

據說當時拉塞福想起了之前不太受人矚目的長岡半太郎的原子模型。

最後他構思出了拉塞福的原子模型。

轉頭

對吧？九尾老…

讚岐老師，要不要把出差前的球局給比完呀？

喔，好呀！

師…

那，貫太，後面就交給你嘍♥

啥…

超級找我啊教吧

拉塞福的原子模型

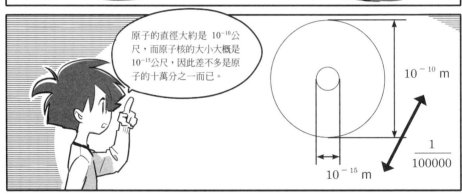

原子的直徑大約是 10^{-10} 公尺，而原子核的大小大概是 10^{-15} 公尺，因此差不多是原子的十萬分之一而已。

10^{-10} m

10^{-15} m

$\dfrac{1}{100000}$

與其說是土星型模型，叫做太陽系型模型好像更恰當呢。

太陽的大小大約是地球公轉軌道直徑的二百分之一，

即使與最遠的行星海王星的軌道比起來，也只有六千五百分之一，因此在比例上可是差非常多的唷。

雖然它實際上不是長這樣啦

窄小

所以由原子聚集起來的物質，其實比太陽系還要空曠呢。

自己的身體結構原來是這麼空蕩蕩的，真令人不敢相信…

空空

曠曠

不過老哥你只有在講到宇宙時才會振奮起來呢。

閉嘴！我補習可是補得很辛苦耶！

而且九尾老師，又那麼恐怖！

老師！

山根？

演出的事情要怎麼辦呢？

妳有仔細看過那支小槌子了嗎？

啊，有。

上面有「變小」到「變更小」的拉桿。

變小
變更小

沒錯，前面講的都是「變小」的世界。

「變小」的世界？

真正的故事就從
這裡開始！

這…我不太明白，
我能辦得到嗎？

要比原子
更小…

「變更小」的世界！

放心！我們的
演員很夠呀！

轉頭

咦？

我？

咦

這到底會變成
怎樣呢…

♣ 從電子到質子、中子與夸克的世界 ♣

♠ 發現質子的就是那位拉塞福 ♠

在漫畫中，我們從電子的發現講到原子的構造。那麼原子核內部研究的發展又是如何呢？

發現「構成原子核的物質之一」的，就是以阿爾法粒子作散射實驗，並以此爲基礎提出新原子模型的拉塞福。他在那之後，還讓阿爾法射線去射擊各式各樣的「東西」。其中當阿爾法粒子打進氮氣時，雖然整個空間是密閉的，但裡面卻出現了氫的原子核。

在那之前，人們所知道到的氫的原子核是：

1、（似乎）帶著正電，其電量在物質中爲最小單位
2、（似乎）爲無法再被分割的最小粒子之一

由於它在氮氣中產生，所以氮的原子核必定也含有相同的東西才是。另外，氮的原子序數爲 7 而原子量則爲 14.0。

根據以上的考察，拉塞福以希臘語中代表「最初」的字彙「protos」，將「構成氫原子核的粒子」取名爲「proton」。中文則以其相對於電子含有明顯質量而稱之爲「質子」。

這時已是 1919 年，距離他發表具有原子核的原子模型已經過了 8 年。

♠ 中子的發現是一場勝敗大逆轉的競賽 ♠

發現第二種「構成原子核的物質」是更後來的事了。一般是以英國物理學家詹姆斯・查德威克（Sir James Chadwick）爲發現者，但在知道這整件事的來龍去脈後，或許應該要把這看作是好幾位科學家的合作結果會比較好。

補上臨門一腳的是居禮夫人（瑪莉・居禮 Marie Curie）的女兒伊倫娜・約里奧－居禮（Irène Joliot-Curie）及其丈夫弗德雷克・約里奧－居禮（Frédéric Joliot-Curie）。

在此之前，人們已經知道了當阿爾法粒子接觸到鈹（原子序數 4、原子量 9.0）時，會產生強烈的輻射線，而且這種輻射線具有極高的穿透性，能

穿透絕大多數的物質，連水泥板
與金屬板都擋不住它。

講到穿透性高的輻射線，馬
上會讓人想到的是威廉・倫琴
（Wilhelm Conrad Röntgen）於
1895 年發現的 X 射線。由於這種
輻射線與 X 射線有相似之處，所
以人們自然會懷疑或許它是同為
電磁波而且波長相近的伽馬射
線，這是當時大多數學者的觀
點。

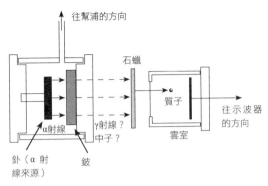

發現中子的實驗

無法同意這種結論的約里奧－居禮夫婦繼續進行實驗，他們試著用神
秘的輻射線去照射含有氫的化合物——石蠟，結果發現有飛出高能量質子
的現象。

既然質子會被撞飛出來，如果你是位撞球迷，可能就會判斷出：「是
不是有質量與質子相同或者更大的粒子？」但居禮夫婦卻在此犯下了重大
的失誤。他們沒有完全捨棄伽馬射線的說法，並發表說：「或許這是一種
高能量的伽馬射線吧？」

下一章之後我們會更詳細說明到，在 1920 年代，愛因斯坦的「光（電
磁波）也有粒子的性質」光量子假說在物理學掀起了巨大波瀾，而居禮夫
婦的想法或許就是受到了這個假說的影響，但很可惜這並不正確。如果他
們不要想得太複雜的話，那麼發現中子的榮譽應當就會屬於這對夫婦才對。
但這就好像足球比賽中，將球運到球門前的球員，在臨門一腳時卻失誤了
一樣。

而查德威克正是敏捷地攔下這「射偏的球」的人。他注意到居禮夫婦
的論文，並進行了相同的實驗。重新探討後，他提出了「這種輻射線並非
伽馬射線。它的質量與質子近乎相同，而且是中性的粒子」的說法，並將
之命名為中子（neutron）。這是在居禮夫婦發現相同現象後的第 2 年，也
就是 1932 年的事。

不過，伊倫娜與弗德雷克・約里奧－居禮夫婦雖然在發現中子的競賽
中吃了敗仗，但他們在人工放射性元素的研究上仍舊獲得了肯定，因而二
人在 1935 年獲得了諾貝爾化學獎。同時，伊倫娜也擔任過科學國務次長、
巴黎教授、核能委員會委員等職務，以科學家來說可說是獲得了相當大的
榮耀。雖然她因為長年研究輻射線的關係，最後因白血病而逝世，但伊倫
娜・約里奧－居禮對科學的那份熱情卻完全與其母一樣。

♠ 原子量與原子序數，哪個先有？ ♠

進入 1930 年代，人們總算找全了原子的構成粒子：電子、質子與中子，但實際上這個結果，在 1869 年週期表被提出時，在某種程度上就已經被預測到了。

我們說週期表是將氫、氦、鋰、鈹……等元素依照原子序數的順序排列而成，但這其實是就結果而言。在門得列夫發表週期表的時候，這張表是從原子量最小的元素開始排起來的，而他的發現是：「這樣排列時，元素會顯現出週期性的類似性質。」

原子量指的是：

「根據固定規則所訂定的元素原子質量」

現在我們是以碳（^{12}C）爲基準，但過去是以氫，後來則是以氧（^{16}O）的質量來制定的。

推測原子量的方法，是將欲調查的元素原子與作爲基準的原子化合起來，再根據增加的質量等來推測。不過在元素發現的黎明時期（創始期），這個數值讓許多科學家都傷透了腦筋。

在推斷氫、碳、氧、氮的時候還好，因爲這幾個元素的原子量剛好分別是 1、12、14、16 的整數。精確來說，雖然有些還是稍微有點偏離，但以當時的實驗精確度來說大致上都是整數。

我想，當時一定常常發生這樣的情況：

「得出氮的原子量了！」

「剛剛好是 14！」

「喔———」大夥兒都很振奮。

但是，漸漸地出現了一些不太對勁的元素。比方說算到氯的時候，其原子量約爲 35.453，不論怎麼測都不是整數。

研究繼續進行下去後人們才發現，非整數的元素反而才是占多數的。

結果，原子量並不適合週期表的基本概念——「照順序排列會顯示出週期性」。週期性（週期律）指的是排列出的元素會顯示出類似的性質，但如果這個「排列基準」不是整數的話，就會讓人覺得心裡不舒服。

另外人們也發覺，若按照原子量的順序排列起來，則數字的增加並不會很工整。雖然照碳→氮→氧的順序，原子的確會越來越重，但原子量的變化卻是 12→14→16，而沒有 13 或 15，這是爲什麼呢？這其中似乎有什麼秘密，但我們還是先依照重量順序，標上一個容易辨認的號碼吧。這就是原子序數的由來。

換句話說，以定義而言，是先有原子量[※]，至於原子序數只不過是在編製週期表時為方便起見而標上的數字而已。原子當中的質子及電子的數量會相同，這點是到後來才知道的。

大多數原子量之所以不為整數的原因，是我們在化學課也學到過的同位素（isotope）之故。比方說原子序數為 17 的氯，其原子核含有 17 個質子，但中子的數量卻有 18、19、20 三種。另外質子與中子的數目加起來就被我們稱為質量數，這個數字會被標明在元素符號的左上角，分別寫作 ^{35}C1、^{36}C1 與 ^{37}C1。

其中^{35}C1 與^{37}C1 在自然界的存在十分安定，其比例是^{35}C1 為 75.77 ％、^{37}C1 為 24.23 ％，而^{36}C1 在自然狀態下會衰變，因此存在的比例為 0 ％。

所以，氯的原子量就是根據^{35}C1 與 ^{37}C1 的質量，依照其存在比例平均起來而變成了不是整數的 35.453 了。

♠ 基本粒子的微妙定義 ♠

既然講到電子、質子與中子了，那麼我們也來簡單地談一談基本粒子。

基本粒子，是被定義為

「構成物質的最小單位」

的粒子，原子的研究當然就是為了探討基本粒子是什麼而做的研究。

但是自從人們發現原子並非「再也無法被分割的 atom」後，對於基本粒子的認知就一直處於混亂的狀態，過去被認為是基本粒子的東西一個接

		光子 傳遞電磁力
玻色子 （Boson）	規範玻色子 （傳遞基本粒子之間相互作用（力）的粒子）	弱玻色子／W玻色子 傳遞弱力^{※1}。3 種類
		膠子 傳遞強力^{※2}。8 種類
		重力子 傳遞重力（尚未發現）
	希格斯玻色子	賦予基本粒子質量 （尚未發現）

傳遞基本力的基本粒子

※1 弱力：引發基本粒子衰變的相互作用。原子核放出電子而衰變的貝塔衰變即是典型的例子

※2 強力：連結粒子以形成原子核，與基本粒子的產生、散射過程有關的相互作用

※「原子量」與「質量數」幾乎相等，但前者是將同位素的存在質量比加起來除以各質量數的加權平均而成。

115

			世代	帶電量（e）
費米子	輕子	電子（e）	第1代	-1
		渺子（μ）	第2代	-1
		陶子（τ）	第3代	-1
		電子微中子（v_e）	第1代	0
		渺子微中子（v_μ）	第2代	0
		陶子微中子（v_τ）	第3代	0
	夸克	上夸克（u）	第1代	2／3
		魅夸克（c）	第2代	2／3
		頂夸克（t）	第3代	2／3
		下夸克（d）	第1代	−1／3
		奇異夸克（s）	第2代	−1／3
		底夸克（b）	第3代	−1／3

構成物質的基本粒子

著一個從候補名單中被除去。直到現在，「找出真正的基本粒子」依然是量子力學當中非常熱門的主題，但在漫畫的故事中很難碰觸到這個部份，因此我們在這兒做個綜合的說明。

最新的量子力學理論認為，建構出原子形體的力、電磁力與重力等各種「力」，是由於基本粒子的相互作用而產生的。這些粒子被分類為玻色子（boson）。詳細的說明在此就不提了。

電子至今一直被當作基本粒子，而質子與中子由於有內部構造存在，所以正確來說並非基本粒子。但是這部分也十分曖昧，有些書本還是將質子與中子歸類為基本粒子，所以必須要注意。

在此，我們將現在被大多數物理學家認為是「構成物質的基本粒子」的夸克及輕子（二者統稱為費米子）列成一覽表。

無論是夸克、輕子還是玻色子，全部加起來的數量還不少，若是在只有「電子、質子、中子」的時代中看來會覺得挺囉唆的。但人們對於原子構造，尤其是物質的生成過程進行理論性的思考後，會發現這樣的數量似乎剛剛好。

另外，近來「超弦理論」也受到人們的矚目，這種理論將這些粒子全部視為一種具備有限大小的「弦」的振動狀態（參照P.211）。然而究竟什麼才是真正的基本粒子，至今仍然沒有結論。

第 **4** 章
如果沒有量子力學，
原子就會崩壞

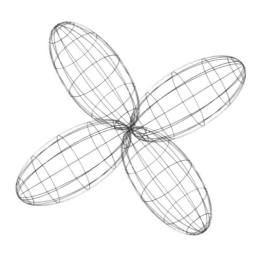

光輝高中戲劇社＆
日本總合科學大學理學部　合作公演
一寸法師與拇指姑娘
「量子之旅！」

一寸法師要到首都闖天下，他拿著筷子當槳，划著碗做的小舟出發了。

我的身體雖小，力氣可不輸人唷～

哪位大爺快僱用我吧！

119

喔～Japanese traditional hammer？

拿錯了，這是從剛才打跑的妖怪身上搶下的小槌子。

什麼，要我揮動這支小槌嗎？輕而易舉！

嘿～咻～

說明一下，一寸法師手持的小槌有「變更小」的指標在上面，

但很不幸，他不會去注意這種事情！

呀！

啾

嗯～

這裡是哪裡？

有什麼奇怪的東西跑過來了～

妖怪嗎！！

那不是妖怪。

那是英國的科學家拉塞福最近所發表的原子模型。

世界上的所有物質都是由這樣的零件所組合而成的。

老鼠

那現在是什麼年代？

1911 年，明治 44 年。

那支小槌，除了會讓人變小外還可以穿越時空呀…而且不知不覺中這位姑娘講的話也可以聽懂了。

121

這位原子先生看來真奇怪。

奇怪？

看它的原子核構造，質子有6個、中子有6個，應該是碳原子。

所以它的電子也應該要有6個才對。

的確，有6個帶正電的質子，就表示帶負電的電子也要有相同數量才行。

你也來幫忙。

拿好

好！這樣原子就完成了！

比平常轉的數目還多

噫～～

等一下！

來者何人！？

【小知識】一般常見的布丁要到明治後半期才傳到日本。

但是這其實是不對的唷！

咦————！！

騙人！很多書上面畫的都是這個樣子呀！

妳看！這裡！

這正是誤解的根源。原子中電子的動態與環繞太陽公轉的行星可是完全不同唷。

這個部分就交由那位先生來說明吧。

啪

4-2　電子不會像球一般落下

讚岐教授的演講之 1

　　拉塞福的原子模型是電子環繞在小小的原子核周遭，由於它很類似我們熟悉的天體圖像，因此很容易為人所接受，至今都還常被當作原子的示意圖，所以造成有非常多人以為「原子就是長這樣」。但這是完全不對的。

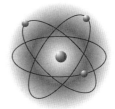

拉塞福的原子模型

　　我先來說明一下天體的公轉吧。

　　以太陽系為例，位於中心的太陽（主星）與環繞在四周的行星（伴星）之間如果沒有力量在作用的話，行星應該會向著其運動的方向直線飛出才對，但由於引力將它拉住的關係，所以能夠使它保持在一定的軌道上。

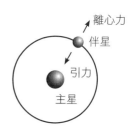

天體公轉

　　但是這樣的平衡絕非一種安定的狀態。當然，我們的地球是不會馬上就偏離它的公轉軌道的，但放眼整個宇宙，這種平衡崩潰的情況十分常見。小型天體因承受不住吸引力而墜落到恆星或行星上，並不是什麼稀奇的事。

　　在我們身邊，還有個更好的例子。

　　當我們投出一顆球時，球一開始會直直向前飛。這就與人造衛星以地球為中心所做的公轉運動相同。但由於球的速度不及人造衛星的速度（稱為環繞速度或第一宇宙速度，在地面上相當於秒速 7.9 公里），因此很快就會墜落。事實上，

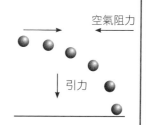

球的動向

就算能丟出比這個更快的速度，在地面上也會因爲空氣阻力而減速……。

那麼，我們再回頭來思考一下拉塞福的原子模型吧！拉塞福認爲，因爲下列二種力的平衡，才使得原子得以保住其構造：

1、帶負電的電子與帶正電的原子核之間的電磁吸引力

2、電子環繞原子核所產生的離心力

由於這種機制與天體公轉十分類似，因此乍看之下很有說服力，但實際上它有個很大的問題。

前面我們說過，天體的公轉會因爲引力及離心力的失衡而無法持續下去。月球上會有那麼多坑洞，正是許多天體失去平衡而撞上去的證據。

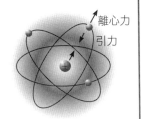

離心力
引力

拉塞福的想法

但是，充斥在整個宇宙、數量極爲龐大的原子，從來就沒有發生過這樣的「事件」。

這裡所謂的事件，指的是在原子中，電子被原子核吸引而撞上去，若是發生了這樣的事情，那可就嚴重了。如果原子因失去其架構而崩潰，那由原子所構成的物質也必定會毀滅。

可是，世界上絕大多數的物質，一直以來都處於非常安定的狀態。人們怎麼觀察，也不覺得電子會撞上原子核，而且也找不到撞上之後「死掉的原子」的存在。

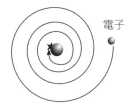

電子

被吸引過去的電子

拉塞福的原子模型，反映出經由實驗得知的原子核大小，在構造上應該相當接近正確答案才是。但是既然如此，爲什麼原子不會崩潰呢？這是當時的物理學家們十分苦惱的問題。

的確，拉塞福的原子模型沒辦法解釋電子的安定狀態呢。

就是呀。

就算是電子，一直這樣旋轉著，說不定也會愈來愈疲累呢。

呼～～
呼～～

事實上，如果根據過往的物理學理論來看，電子應該會馬上疲累過度才對唷。

唉！？

找只是眼個玩笑罷了

妳的嘴巴沾到咖哩了～

根據物理學基礎之一的電磁學的說明，帶電荷的粒子在振動時會產生電磁波。由於迴轉運動也是振動的一種，因此原子當中的電子在公轉時應該會一直放出光或電波而不斷喪失掉能源。

這樣電子就會被原子核吸過去，而且是一瞬間（大約是一千億分之一秒）就會撞上去。

【小知識】1906 年（明治 39 年）位在東京神田的一貫堂，開始販售日式的咖哩糊「咖哩飯之種（カレーライスのタネ）」。

但是，實際上都不會發生這種事耶。

現在我們來看看這個。

哼，比那二個人還有毅力多啦。

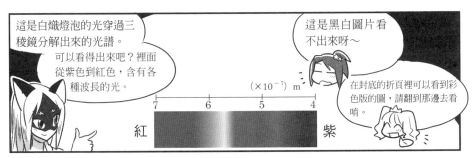

這是白熾燈泡的光穿過三稜鏡分解出來的光譜。

可以看得出來吧？裡面從紫色到紅色，含有各種波長的光。

（×10⁻⁷）m

紅　　　　　　　　　　　　　　紫

這是黑白圖片看不出來呀～

在封底的折頁裡可以看到彩色版的圖，請翻到那邊去看唷。

雖然人們都說彩虹有七彩，但實際上它就是像這樣聚集了連續波長的光唷。

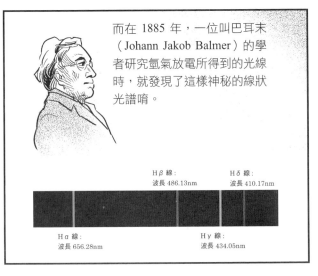

而在 1885 年，一位叫巴耳末（Johann Jakob Balmer）的學者研究氫氣放電所得到的光線時，就發現了這樣神秘的線狀光譜唷。

Hβ 線：
波長 486.13nm

Hδ 線：
波長 410.17nm

Hα 線：
波長 656.28nm

Hγ 線：
波長 434.05nm

它放出的光線是不是只有這些種類的波長呀？

而且這線條的排列法看來很有規則性耶。

妳觀察的方向不錯唷。由於巴耳末自己也是國中的數學老師，他注意到這裡出現的 4 個波長的數字，似乎有某種規則存在，於是便努力地要找出這個規則來。

最後他推導出這樣的公式。

$$\lambda = f \times \frac{n^2}{n^2 - 4}$$

λ：光譜線段的波長　f：364.56nm（常數）
n：3、4、5、6 的整數值
比方説，當 $n = 3$ 的時候，
$364.56 \times \frac{9}{5} = 656.2$（nm），
與實驗所得的 Hα 線的波長 656.28nm 非常近似。

真是簡潔俐落的式子呢。

幸好巴耳末對數學很在行呢。

不過，巴耳末雖然在 50 歲時發現了光譜，但到他寫出這道公式時已經是 60 歲了唷。

哇，好厲害！

這證明了，科學的進步也需要像這樣默默耕耘的人來支持呢。

但是這個式子與原子的構造究竟有什麼關係呢？

接下來要登場的就是丹麥的物理學家尼爾斯·波耳了。

尼爾斯·波耳
Niels Bohr
（1885～1962）

丹麥物理學家

和安徒生是同一個國家的人耶！

他在他的母國設立了研究所，培養了許多弟子，形成了「哥本哈根學派」，可說是量子力學研究中的一大潮流唷。

你們至少要記得他的名字唷。

還有薛丁格、海森堡、德布羅意、狄拉克等等也盡可能要記得唷

尼爾斯·寶兒？

要唸作「波耳」。

波耳注意的是巴耳末式子中的整數部份。

3
4
5
6

從原子發出的光線，其波長只可能出現依據整數而導出的「零零落落」的數值，他認為這表示在原子的構造中必定有什麼東西是以整數所構成的。

4-3 波耳的原子模型

讚岐教授的演講之 2

波耳首先想到的是原子當中的電子軌道，必定是只能處在某種固定的能量狀態下。如果以示意圖的方式來表現的話，就會是以原子核爲中心的同心圓。其中越內側的軌道能量越低，越外側越高。而且同心圓的半徑比例，只有可能是如

$$\frac{r_n}{r_1} = n^2 \quad (n = 1,\ 2,\ 3\cdots,\ r_1 = 0.529 \times 10^{-10}[m])$$

這樣的整數平方，所呈現出來的會是很零散的數值。另外各軌道分別對應的是正負值爲負以及與半徑成反比的電子能量 E_n。因此從這個 E_n 就與 n^2 成反比的結果，我們可以說電子的能階是離散的。離散的意思就是非連續的、或者說是「零散的」。

連續的　非連續的　離散的　零零落落的

波耳是如何想到這個地步的呢？其實他有受到一個重大的啓發，那就是德國物理學家馬克斯・蒲朗克（Max Planck）於 1900 年所發表的「黑體輻射」光譜的表示式。「黑體」是一種假想物體，它的表面能夠將入射的所有輻射能量全部吸收，再向周圍完全放射出去，其放射出的光線光譜會隨著物體的溫度呈現出獨特的形狀。在熔礦爐中開一個小孔，由於其內外的光線能夠完全通過，因此可以說就是一種黑體表面。而從這個小孔射出的所謂「空腔輻射」也具有黑體輻射的光譜。推導出這個空腔輻射的光譜表示式，在當時的物理學界是一大課題。許多研究學者對之進行挑戰後都無法得出完美的結果，而能夠漂亮地突破這道難題的，就是蒲朗克。

他首先假設充滿在空腔（熔礦爐）的電磁波的振動頻率爲ν時，輻射能量的數值只可能爲hν的整數倍※。換句話說就是：

$$E_n = nh\nu \quad (n = 0,\ 1,\ 2,\ 3\cdots)$$

（光的能量）＝（整數）×（蒲朗克常數）×（振動頻率）

當n的數值越大時，在這種模式下的個數就會越少。在此，蒲朗克又

※這稱為「蒲朗克量子假設」。

假設這個個數是符合在計算氣體分子速度分布時很常見的波茲曼分佈 Ke^{-nhv/k_BT}（K為常數）中，那麼將 $nhv \times Ke^{-nhv/k_BT}$ 從 $n = 0$ 到∞加總起來，就能夠求出頻率v的輻射總強度。最後就能得出每秒從黑體表面（例如像熔礦爐的小孔）的單位面積向外輻射出去、頻率為v的光線，而其能量為：

波耳的原子模型 1

$$F_\nu = \frac{2\pi}{c^2} \frac{h\nu^3}{e^{\frac{h\nu}{k_BT}} - 1}$$

e：自然對數的底數　　k_B：波茲曼常數　　c：光速
h：蒲朗克常數　　T：黑體表面、或者空腔內的絕對溫度

　　這個式子相當精準地表示出了人們觀測到的黑體輻射光譜。現在人們所說的「蒲朗克函數」指的就是這個（139頁有它的圖形）。

　　據說蒲朗克是憑直覺寫下這道輻射公式，後來才補上上述的那些推導的。而這道公式與實驗值完美吻合的事實，表示了輻射能量是以hv作為最小單位（量子）來增減，也正說明了他的量子假說有多麼恰當。而這個概念也開啟了後來量子力學的大門。

　　波耳從這個概念獲得了啟發，他想到，如果光是這個樣子，那電子或許也是如此。於是他再進一步想，或許巴耳末式子中所包含的整數之謎也能得到解釋。於是就如波耳所發表的原子模型般，證實了電子軌道是由如n＝1、n＝2、…這樣離散的能階所構成的。原子如果接受了外來的能量時，電子就會移動到比原來更高能量的軌道上，而當它又回到原來的軌道時，就會把多餘的能量給放出。

　　如果電子軌道的能階只能是以離散的整數來表示的話，那麼電子在移動軌道時吸收、放出的能量就會成為能階的「差」，所以仍舊是由整數所推導而出的「離散」的量。這點正符合巴耳末發現的線段光譜所具有的規則性。這真是個劃時代的發現。

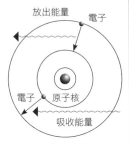

波耳的原子模型 2

好！我懂得原子的構造了！

電子的軌道是「離散」地排成同心圓對吧。

那，只要用這個，原子就完成啦。

拿去！

嗚

看，這就是一個原子的正確構造啦～

不對不對啦！！

畫成同心圓只是為了方便說明而已，

量子的世界可不是那麼單純的唷！

實際上電子的軌道是這種形狀。

哺

氣球？

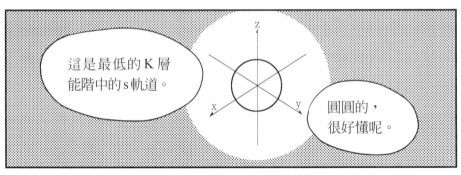

這是最低的 K 層能階中的 s 軌道。

圓圓的，很好懂呢。

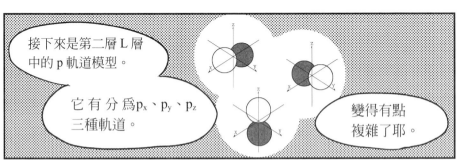

接下來是第二層 L 層中的 p 軌道模型。

它有分為 p_x、p_y、p_z 三種軌道。

變得有點複雜了耶。

到了第三層 M 層，就會出現這種 d 軌道的模型，分為 d_{xy}、d_{yz}、d_{zx}、$d_{x^2y^2}$、d_{z^2}。

共有五種嘍。

這跟我以前在書裡看到的都不一樣耶～

鼓

哇———！？

貫太學長，
好了啦…

不！還沒！

我也要像巴耳末
一樣，默默地努
力追尋眞理！！

電子的軌道就是
這樣變成這種形
狀的呀。

是呀～

在變成這種形狀前，
我們就要進入量子力
學的第二幕嘍。

哇－！？

燕子先生
救命呀－！

♣ 為什麼波耳會成為「量子力學之父」呢？ ♣

♠ 惱人的部分別去管它 ♠

二十世紀的二大物理學理論，其中之一的相對論是由愛因斯坦獨力完成的（雖然正確來說，有一些人幫過愛因斯坦處理他不擅長的數學計算…）。相對地量子力學則是透過了許許多多的學者相互合作，因此它沒有一個代表性人物，這也是一般人對之不太熟悉的原因之一。不過，如果硬是要問量子力學隊伍的領袖是誰，恐怕還是只能舉出尼爾斯‧波耳。

但是你即使看量子力學的解說書籍，也不容易了解這位波耳教授究竟有什麼偉大之處，甚至會覺得他的晚輩薛丁格或海森堡等人還做過更多更受人矚目的事（而且他們的名字聽起來也比較有衝擊性）。

所以在此我們就要來整理說明，波耳究竟有什麼樣的成就。

在他正式開始研究原子內部構造時，以下的理論與假說已經被發表過了：

- 巴耳末發現氫原子線性光譜的規則性（巴耳末系）
- 蒲朗克闡明了能量的量子性質
- 波耳在英國留學時期的老師拉塞福的行星系型原子模型

波耳以這三點作為「材料」，在腦中思考更有說服力的原子型態。他常常是看重思索更勝於實驗，所以在深思之後，他於 1913 年發表了同心圓形狀的「波耳原子模型」。

但是這套原子模型就某方面來說，有講等於沒講。因為它並沒有解決拉塞福模型的最大問題：「電子為何不會被原子核吸引而造成原子崩潰？」雖然它構思出了巴耳末系之所以產生的機制，但也沒有說明為何會如此。對於無法明瞭的東西，他只是用「現在先別管」來避開。這實在很狡猾。

話雖如此，這樣說也或許太苛刻了些。新的假說之所以是「新的假說」，正因為它是過去的物理學所無法說明的想法，因此無法說明也是情

有可原。如果將一項假說應用在適當的條件下，因而能夠比過去統整說明更多事情並產生新的預測且證明其正確的話，就可以判斷這個作為前提的假說是恰當的。在此意義上，波耳所引進的原子模型也就不是這麼莫名其妙的東西了。

波耳的原子模型

♠ 並非偉大的發現，而是偉大的假說 ♠

波耳的原子模型有 2 個重點。
第 1 點就是將量子條件（或稱定態條件）
寫成式子的話可以表示成：

$$2\pi r \times mv = nh$$

r：電子的軌道半徑　　m：電子的質量
v（英文字母v）：電子的速度　n：整數　h：蒲朗克常數

這只是在用數學式子說明波耳的主張：在（氫）原子沒有發出光線的定態條件下，波耳所設想的圓形軌道圓周為 $2\pi r$，在圓周上轉動的電子運動量 mv 應該要是固定值。而這個值，必定會是當時剛發現不久的蒲朗克常數的整數倍，也就是「離散」的數值。

而第 2 點則是頻率條件，它可以表示成：

$$\nu = \frac{E_b - E_a}{h} \qquad (E_b > E_a)$$

ν（希臘字母，唸作 nu）：電子輻射出的光的頻率
E_a：電子在 $n=a$ 軌道上時的能量
E_b：電子在 $n=b$ 軌道上時的能量　h：蒲朗克常數

它的意思是：氫原子的電子在軌道間移動（躍遷）時所放出的光線會形成線狀光譜，光譜的軌道則是根據電子所具有的能量來決定，其頻率與被認為是物理量中最小單位的蒲朗克常數有關。換句話說，只要原子中的電子滿足這 2 個條件的話，原子就不會崩潰，而巴耳末系也就能理所當然的存在。當然，這終究是假定的說法（但電子會以$t = 10^{-8}$秒的程度自發地降激（de-excitation））。

另外，在$n = 1$時的電子軌道半徑被稱為波耳半徑，大小約為 1 公分的二億分之一。依波耳教授的見解，電子將無法比這更接近原子核。

另一方面，拉塞福的原子模型之所以會崩潰，其理由在於「在電磁學中，帶電的粒子（在這裡是電子）在做振動（旋轉）運動時會放出電磁波（光）而喪失能量，離心力因而會漸漸變小而被原子核吸引過去」。關於這點，波耳的回答很簡單：「原子內不會發生這種事。」但他卻沒有說明任何理由。由於電子只會在它移動到不同能階的軌道上時輻射出光線，因此就算做旋轉運動也不會發生這種現象。即使如此，波耳教授仍斷言：「原子中的世界就是這麼特別嘛！」

♠ 「道理」對了，道路就通了 ♠

更大的問題在於，波耳的理論（假說），無法通用於氫原子之外任何較為複雜的原子上。換句話說，一直到鈾的 92 種自然元素中，就有 91 種無法用來說明線性光譜。

但即使如此，波耳還是非常偉大，他在居住地——丹麥的哥本哈根受到了相當大的尊崇。據說有次波耳正巧看到一輛即將發車的公車上有位認識的學者，他便上前問候並開始了學術性的爭辯。這時市民們都想「波耳教授就要建立新的理論啦」，因而全都毫無怨言地讓公車停留在原地。

要說波耳有什麼偉大之處，事實上就在於他能爽快地割捨掉不了解的問題，而以「原子的世界就是這麼特別」來一笑置之。不，是不是一笑置之我們不知道，但他想必相信，這些東西以後終究會有人（也許是自己）去解答出來。

即使自己的理論只能用在氫原子上，他也相信「只要把這套理論擴充到更加複雜的情況上，就可以解釋其他原子的行為了」。換句話說，他的過人之處就在於「直指事物本質的判斷力」。對於這點，後來在量子力學的解釋爭議上曾與他數度交鋒的愛因斯坦亦曾寫下：「波耳的直覺與才能，是響徹在思想宇宙中最美的音樂」。

事實上，波耳的原子模型有很多錯誤，包括以為電子是在如行星或衛星般的軌道上旋轉。但它的根本道理——量子條件與震動頻率條件卻是吻合的。因為這部分被繼續發展下去，所以才形成了如今的量子力學體系。雖然在這個階段中最活躍的是剛剛已經提過的薛丁格與海森堡，但能稱得上「量子力學之父」的，還是只有尼爾斯・波耳而已。

♠ 波的能量必然會是「量子」的 ♠

縱觀物理學的歷史，在波耳之前是舊量子論的時代，從波耳開始，才開啓了以量子論為基礎、逐漸形成正式力學理論的新量子論。波耳為「從

量子論到量子力學」搭起了一座橋樑，因為這項功勞，他被人們稱為量子力學之父。

那麼，出現在前面讚岐教授解說中的蒲朗克又是誰呢？

打開科學史，頭一位提到量子這個概念的，大概就是他了。這個部分在131頁已經有提到一些，這裡再稍為做些補充。

19世紀時，歐洲的鋼鐵業十分興盛，各國都拼了命要製造出高品質的鋼鐵來。而手段之一，便是要發展出能夠正確測量熔礦爐內部溫度的方法。畢竟鐵的熔點是1500℃上下，普通溫度計根本不可能測量，因此只能看著熔礦爐中的顏色來判斷。但這項技能除了資深的技工外，並非任何人都可以做到。如果能求出顏色（光的波長）與溫度（光的強度比例）的關係式，就可以製造出許多品質穩定的鋼鐵了。

有許多學者挑戰過這項課題，但都無法順利進行。另外，如右圖根據實測值所畫出的圖形，則像是垂地的裙襬一般。在蒲朗克之前，波長短的時候（從紫光到紅光）與波長長的時候（從紅光到紅外線領域）會被當成兩樣不同的東西來處理。換句話說，人們還無法完整地記述這種自然現象。

這張圖表就表示出這種狀況。點點狀的線是瑞利－金斯（Rayleigh — Jeans）的式子，線段狀的線則是維恩（Wien）的式

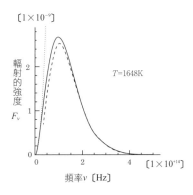

子，而實線則是132頁講過的蒲朗克的公式 F_v。蒲朗克是看了前面這二道式子，才有這樣的想法：

1、波長短的光，波的數量較多（＝頻率較大），因此能量單位量較大

2、波長長的光，波的數量較少（＝頻率較小），因此能量單位量較小

而他推導出的，就是由實線所表示的這個蒲朗克函數。

這裡最重要的是為能量帶進了「單位量」的概念。由於這裡的能量單位其實就是「波來回晃動一次（～）」的量，因此任何波長的光線，其所帶有的能量都只有可能是頻率的整數倍。以131頁的式子來表示則為：

$E_n = nh\nu \quad (n = 0, 1, 2, 3\cdots)$

（頻率 v 的能量）＝（整數）×（蒲朗克常數）×（頻率）

$h\nu / k_B T$

這實在是劃時代的想法。不過要注意到的是，這裡所出現的整數 n 與波耳原子模型中用在軌道半徑的 n 的意義是不一樣的。蒲朗克再添加上具有 $nh\nu$ 的振動模式個數，就可以成功地獲得光波能源的總和。當然，132 頁 F_ν 的式子在 $h\nu/k_BT$ 量值極小的時候可以用瑞利－金斯的式子得出，相反地，極大時則可以用維恩的式子得出。

♠ 蒲朗克的大名連外星人都認得 ♠

人們採用了蒲朗克的說法來建立熔礦爐的相關計算式，計算結果與實際值幾乎相同。這一點可以說證明了

「能量具有最小的單位量＝量子」

這樣的想法是正確的。可惜蒲朗克本人直指事物本質的判斷力可能有點不足，他誤以為這是因為「產生光線的某種粒子（分子或原子）吸收了不連續的能量」的緣故。因此這個部分就剛好讓愛因斯坦漁翁得利了。

愛因斯坦檢討過蒲朗克的能量量子假設，認為：

「光的能源如果具有量子這種最小單位的話，那光本身就可以被看做是這種單位的粒子嘍……」

他的光量子（光子）假說論文於 1905 年完成（而且愛因斯坦之所以能獲得諾貝爾獎，不是因為相對論，而是這篇論文），其內容在下一章會更詳細地做解說。蒲朗克早在 5 年前就已經有了量子的概念，如果他能靈活發揮這點利基的話，這項豐功偉業本來應該是屬於他的，畢竟就是他將有志難伸的愛因斯坦請到自己的研究室來進行研究的……。

蒲朗克留下的蒲朗克常數成為了量子力學基礎的物理常數，幾乎在所有的公式與方程式中都會出現。另外，從這個常數所產生的蒲朗克時間、蒲朗克長度、蒲朗克質量、蒲朗克電荷、蒲朗克溫度等蒲朗克單位系統，由於只根據純粹的物理量作為基礎，比起以「地球圓周」這種無法適用於全宇宙的數值當作基礎的公制尺度遠遠明確許多，因此人們認為「如果要與外星人通信的話，就該用這套單位系統當作標準」。

在這種意義上，蒲朗克真是位偉大至極的人物，是其母國德國至今最為尊崇的學者之一。所以，相對於波耳是「量子力學之父」，蒲朗克就被稱為「量子論之父」。兩個人各有自己的稱號，真是可喜可賀、可喜可賀。

第5章
物質的真面目
竟然是幽靈？

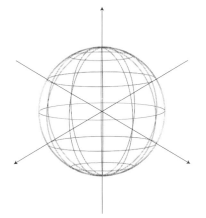

5-1 德・布羅意的奇妙想法

在明治末期的日本沒有找到工作的一寸法師，與拇指姑娘乘著燕子前往遙遠的異國。
應該說你根本就忘記要找工作了喔。
完全忘記了…
真沒毅力呀…
我好像還忘記了什麼的樣子…
唉，不管了。
對了，這裡是哪裡呀？
這裡是丹麥的哥本哈根，我就是誕生在這個國家的唷。

【小知識】第一座美人魚雕像於 1913 年完成。

有沒有哪裡的工作會需要用到小身材的呢？

啊！

理論物理研究所…

理論物理研究所

好像就是剛剛講過的波耳所待的研究所耶。

這裡可能可以找到工作唷。

咚

請開門

請開門一！

噯

歡迎來到我的研究所，

我是波耳。

痛痛痛～

量子蒙面俠！

妳怎麼會跑到這裡？

這個嘛～我在廚房吃點心被抓到了。

還偷吃到這兒來！

真是神出鬼沒～

咕 咕

因為是量子嘛，哪兒都能去唷。

？

好啦好啦，你們不是有工作嗎？

啊，對耶！

嘿唷！咕嚕咕嚕啪拼啾啪呸批啵～

嘻呀嘻呀都奇啾吶～！

145

這裡是…

歡迎回到微觀世界來。

哇！

又出現了！

這也是量子的效應嗎…

只是人手不足而已啦！

量子真可怕！

對了，原子先生怎麼沒有任何改變呢…？

有哇！

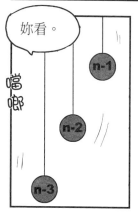

妳看。

n-1

n-2

n-3

噹啷

…好混。

太混了。

囉唉！

沒關係啦，畢竟波耳一開始也認為電子粒子是在「離散」的圓形軌道上旋轉呀。

但是這樣還是沒有辦法說明電子為何不會撞上原子核呀。

而且為什麼是「離散」的軌道，它也沒有說明清楚。

波耳只是以理論物理學者的角度發表這項假說，堅稱「合理推斷起來就是會得到這種結論嘛！」

這樣哪能說服大家呢？

這時有位法國人德・布羅意於 1923 年…

「如果電子是波的話，這個問題就解決了。」

這樣子說過。

粒子與波究竟有什麼不一樣呢？

好問題！

按照慣例，我們先查國語辭典，關於「波」它是這麼解釋的：

波

1、因風吹等原因使得水平面搖晃產生高低起伏、推動著不斷傳遞下去的現象。

2、3、（略）

4、聲音、光在空氣等介質當中振動著傳遞出去的現象。

（《新明解？語辭典　第五版》三省堂　以下同）

相對地，對「波動」的解釋就很簡單了。

波動

1、〔物理〕介質中各部分的振動緩緩地偏移，使波（看起來像）前進的現象。

2、週期性的變化。

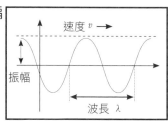

再來是粒子。

粒子

組成一種物質的一顆顆細微顆粒。

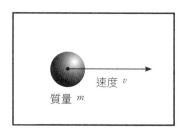

這樣我好像就懂了呢。

那，波動和粒子的性質有什麼不一樣呢？

 波動的特性之一在於它會繞射（衍射）。即使碰到障礙物，它也會繞過去擴散開來，要說明這種現象最簡單的例子就是海浪打在有縫隙的堤防時的情況。

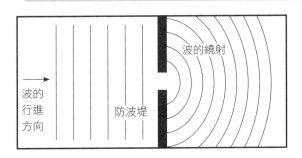

 粒子不會發生嗎？

 只有通過縫隙的粒子會直線前進，不會產生繞射現象。

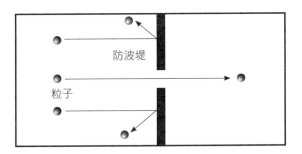

如果會發生的話就太危險了～

原來如此。

另外還有一點,「干涉」這個現象也是波動特有的。

干涉

〔物理〕聲波或光波交會重疊在同一個位置上、相互作用的結果,使得其力量彼此增強或減弱的現象。

正如這張圖所示,二道波交疊會產生新的波出來,這種現象最常出現在運用雙狹縫產生干涉條紋的實驗中。

啊,這我也有做過耶。

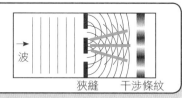

波 →

狹縫　干涉條紋

我下次在洗澡時也做做看吧。

有一點大家不要誤會，波並不是在移動物質本身。比方說海浪（水面波）只是令水面造成高低差，以水為介質，平面傳播出去的現象。

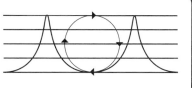

介質

〔物理〕傳遞波動的物質。聲音在大氣中傳播時，空氣就是其介質，在真空中無法聽到聲音。

聲音的傳播也是靠著空氣當介質呢。

在聲音中，波的傳播不是靠平面的高低差，而是空氣密度的濃淡。

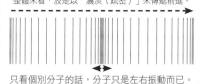

整體來看，波是以「濃淡（疏密）」來傳遞前進。

只看個別分子的話，分子只是左右振動而已。

那，光呢？

電磁波就有點複雜了。我們知道它在真空中也能夠傳遞，因此不需要介質，是透過空間中電場與磁場的變化形成波動。這個部分如果沒好好唸過物理的話就不容易想像唷。

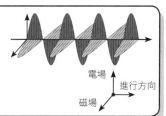

電場

進行方向

磁場

那電子是波的話會怎麼樣呢？

德・布羅意就想到，如果電子是波動的話，就可以避免掉「會不會撞上原子核？」的粒子性問題嘍。

一下子就開始講「如果電子是波的話…」大家可能也聽不太懂吧。在此讓我對德・布羅意為什麼會有這樣的想法來做個補充說明。

讚岐教授的演講之3

在德・布羅意的論文發表前，物理學中已經出現了「光是波還是粒子？」的問題。光的顏色會隨著波長而改變，也會變成電。我們都知道光又稱為電磁波，自然帶有波的性質。

這道理人們在 19 世紀時就已經知道了。同時人們也已經確認，光會呈現出反射、折射、繞射、干涉等波動特有的現象。

但是，明明看來就是波動的光，卻也有無法以波動說來說明的性質。

大家都有被曬黑的經驗吧。曝曬在強烈紫外線下，皮膚會變成紅黑色，因此不想被曬黑的人就會用所謂的UV－CUT，能隔絕紫外線的洋傘或乳霜來防曬。

但是，大家不覺得很神奇嗎？

如果夏天到海邊去，待不到一個鐘頭就會被曬黑。太陽光也許很強，而且與室內的照明比起來，強度大概是一百倍左右吧。

既然如此，如果我們待在日光燈或電燈泡照射的房間中一百個鐘頭，是不是同樣會被曬黑呢？但是這種現象卻從未發生過。另外，充斥在房間中的電波也同樣是電磁波，但對於皮膚卻不足以造成什麼影響。

換句話說我們可以知道，曬黑是特定波長的紫外線才會造成的現象。

為什麼會這樣？這就無法用光的波動說來說明了。

波的能量，單純來說是與振動的大小（振幅）及時間相關，因此與波長及頻率都沒有關係，而是持續的時間越久接受到的能量就越大。因此，照理說來我們若長時間被家中的燈光所照射的話，應該會變得跟待在夏天的海邊一樣被曬黑才是。

同樣的現象也發生在「光電效應」上。某一種金屬

153

被光線照射後，會因為光線的能量而放射出電子，太陽能電池與光感應器就是利用這種原理。但光電效應只有用短波長（高頻率）的光才會發生。利用金箔驗電器做實驗就可以發現，波長太長的光，無論光線多強也不會放射出電子來。

長期以來，這種現象一直都是物理學界中的一道謎。

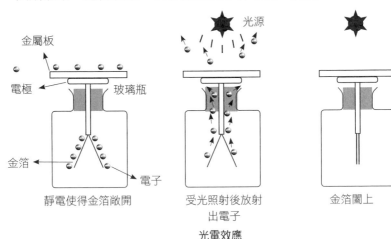

光電效應

這時愛因斯坦出場了。雖然愛因斯坦以相對論出名，但他之所以會在 1921 年獲得諾貝爾獎卻不是因為相對論，而是他以光量子假說對於光電效應所做出的理論說明。愛因斯坦在這篇論文中，主張光既有波動的性質，也具備了粒子的性質。

把光當作粒子後，要說明光電效應就很容易了。

請想像這樣一個圖像。

當我們將波長短的光想成粒子時，它就像是一顆堅硬的鐵球，而波長長的光則像是海綿

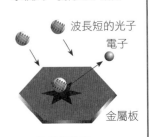

波長短的光在撞擊時的衝擊較大，使得電子飛出

波長短的光

球。光線的強度則是球射出的數量。

　　自然，硬的球（粒子）與軟的球（粒子）在衝擊時對目標物所造成的影響會不一樣。如果是海綿球的話，丟再多顆也不會造成傷害。但如果是小鋼珠，就算只被射中一發也會很痛，甚至可能會受傷。

　　鐵球在撞擊時可以有效地傳遞能量，將電子打出，但海綿球再怎麼打也打不出傷痕。這就是說明曬黑與光電效應等現象的關鍵所在。

　　愛因斯坦吸取了蒲朗克的量子概念，將這個光的粒子取名為光量子，如今我們就將之稱為「光子（Photon）」。

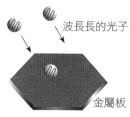

波長短的光在撞擊時的衝擊較大，因而會使得電子飛出

波長長的光子

金屬板

波長長的光

　　光既是波動，也是粒子。愛因斯坦的這個逆轉式想法，對當時的物理學帶來了莫大的衝擊。德‧布羅意也是相當尊敬他的學者之一，因此他想到了下面這個概念。

「如果光具有粒子的性質，原本被認為是粒子的電子會不會也具有波的性質呢……？」

　　如果電子是波的話，波耳原子模型的「離散的能階」就能得到解釋了。當我們彈一下吉他等弦樂器的弦時，之後會留下來的振動只有弦長的一倍、二分之一倍、三分之一倍、四分之一倍……等等與弦長呈整數比的振動而已。只有在最初的一瞬間會產生各種不同的波長（頻率），但由於弦的兩端被固定住，這些「多餘的振動」會馬上收縮，只剩下波長為整數分之一倍的聲音長時間持續響著。由於這些音程讓人聽來很舒服，因此被稱為完全協和音。

　　另外，波長與頻率會形成下列的式子關係，其頻率會是波長的2倍、3倍、4倍……等等。

$$\text{波長 } \lambda = \frac{\text{波速} v}{\text{頻率} v}$$

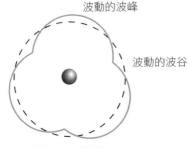

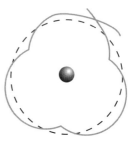

波動的波峰

波動的波谷

長度為基準長度「整數分之一」
的波動，其波峰與波谷無論怎麼
旋轉都會是相疊合的

如果不是這樣，波最後就會
消失掉

好，我們把這概念套入波耳原子模型的電子軌道中吧。

當電子的波環繞在原子核周圍時，其波長就和弦樂器相同，必需要
是基準長度的「整數分之一」才行。換句話說，波動的波峰與波谷無論
怎麼轉都必須剛好相疊合才行。

若非如此，電子在旋轉時馬上會產生波的干涉，振幅會越來越小，
使得波很快就消失不見，那麼電子就無法存在下去了。

但是，只要波長是軌道圓周的整數分之一的話，電子就可以不斷地
旋轉下去。

從這裡開始會變得有一點難，但只要你能用數學式子去想德·布羅
意的思路的話，必定會對之感到相當驚奇。

前面我們說過，電子的波能被允許的波長為軌道圓周的整數分之一。
設波長為λ、軌道半徑為r的話，就可以用以下這個式子表示出來：

$$2\pi r = n\lambda \quad \cdots\cdots A$$

當然，n為整數。

另一方面，電子波的波長與電子動量的關係，根據狹義相對論及量
子假設可以得到以下的關係式（其中 $v = c$）：

$$pc = E = h\nu = h\frac{c}{\lambda}$$

$$p = \frac{h}{\lambda}$$

$$\lambda = \frac{h}{p}$$

p代表動量、h為蒲朗克常數。這套關聯性在進行光的粒子說的研究時就已經被推導出來了。在物理學中，由於物體（粒子）的運動量等於質量與速度的乘積，因此將p＝mv代入上述式子就可以得到如下的公式：

$$\lambda = \frac{h}{mv} \quad \cdots\cdots B$$

m：電子的質量　　v：電子的速度

接下來我們將B式代入A當中。

$$2\pi r = n \times \frac{h}{mv}$$

$$2\pi r \times mv = nh$$

令人驚訝地，這正好與波耳在自己假說中所提出的量子條件式子（參考137頁）完全相同。由此，德・布羅意便主張：

「只要將電子設想為波，就能合理說明量子條件。」

總而言之，把電子當作波，就可以漂亮地解釋波耳老師的原子模型嘍。

但是一直以來都被人們當作粒子的電子其實是波，這種想法實在太違背常理了。因此一開始幾乎沒什麼人認同德·布羅意的主張。

沒用啊～

但是，某位讀過論文的學者認為：「愛因斯坦或許會對這有興趣」，於是便將論文寄給愛因斯坦。

結果受到當時已經是知名人士的愛因斯坦的大加讚賞，這套想法因而才受到人們的矚目。

愛因斯坦本來就主張傳遞能量的光既是波動也是粒子，

因此很快就能接受構成物質的電子也具有波動的這種想法吧。

好！那我們就跟波耳博士報告，電子就是波動！

等一下！

這次來的又是何人？

我是量子小妹！

啪

講到德・布羅意怎麼可以忘掉薛丁格呢！？

閣下的名字是薛丁格？

我的名字叫量子小妹！薛丁格是另一個人！

不像啦

一寸法師！

你怎麼可以忘了我呢！？

哎呀，這位不是量子小妹嗎？

我剛才都跟你說過了！

我還想說你怎麼一直都不過來，原來就是帶著洋妞跑到海外旅行⋯

嗚

這、這個嘛⋯

我要讓妳見識見識被甩的女人的厲害！瞧瞧我熬夜惡補的知識！

我們是情敵嗎？

沒錯！

接下來就是帶領量子力學飛速發展的兩位敵手的故事！

Ladies & Gentlemen!

在前面的故事中我們一直盡可能避免使用到困難的數學公式,現在終究還是碰上了不能避開的薛丁格波動方程式與海森堡運動方程式!

二位就盡全力戰鬥吧!

不是妳跟拇指公主對打嗎!?

因為我必須盡到編劇的責任主持大局。

這樣不是很奇怪嗎!?

藍方!薛丁格隊的一寸法師!

紅方!海森堡隊的拇指姑娘!

我是實況報導的主播量子蒙面俠，

今天我們請到日本總合科學大學的讚岐教授來為我們做解説。

請多指教。

好，現在我們出現了二個新名字，薛丁格與海森堡…

前面有奠基在電子離散性能階上的波耳原子模型、還有從這模型推導出來的德‧布羅意電子假説，

從這之後，量子力學有了耀眼的進步，而這二個人可以説就是推動這些進步的推手。

接下來將發生許許多多的故事。

眞令人期待。

埃爾溫・薛丁格
Erwin Schrödinger
（1887～1961）

奧地利物理學家。之後因為某些理由而離開了量子力學，成為分子生物學家。

維爾納・海森堡
Werner Heisenberg
（1901～1976）

德國的理論物理學家，為波耳最優秀的學生之一。

嗯～，1923 年有人直接稱德・布羅意所提出的電子波動為電子波或德・布羅意波，

但由於電子是構成物質的基本粒子之一，其他的基本粒子也同樣地被驗證具有波動性，所以如今我們都稱之為物質波。

二位…
物質波 OK？

啊？

好，ready～

有破綻！

哇！

砰

咚

一分！

怎…
怎麼回事？

的確，一切物質都具有波動性。但由於它是屬於原子層級的極小波動，所以我們並不會受到它直接的影響。

一寸法師選手是有點大意了。

在基本粒子的領域中，任何微小的波動都非常重要。

看來這會是決定這場比賽勝負的重要關鍵。

沒想到拇指姑娘
這麼厲害…

環奈！

老哥！

妳用這個！

好！
比賽繼續！

一寸法師隊似乎有
什麼戰術的樣子…

呼呼呼…

嗯
…

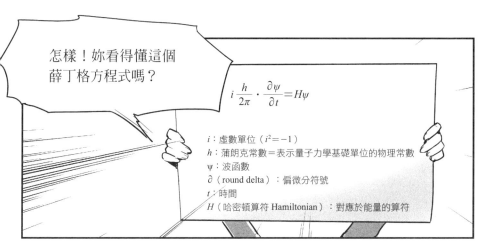

怎樣！妳看得懂這個
薛丁格方程式嗎？

$$i \frac{h}{2\pi} \cdot \frac{\partial \psi}{\partial t} = H\psi$$

i：虛數單位（$i^2 = -1$）
h：蒲朗克常數＝表示量子力學基礎單位的物理常數
ψ：波函數
∂（round delta）：偏微分符號
t：時間
H（哈密頓算符 Hamiltonian）：對應於能量的算符

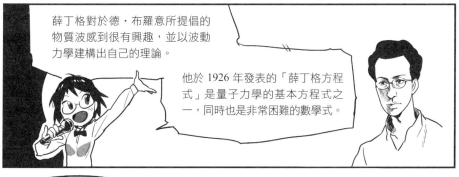

薛丁格對於德‧布羅意所提倡的
物質波感到很有興趣，並以波動
力學建構出自己的理論。

他於 1926 年發表的「薛丁格方程
式」是量子力學的基本方程式之
一，同時也是非常困難的數學式。

好，拇指姑娘會
如何應對？

虛數單位 i 就是平方以
後變－1 的數字…

π 是圓周率…

可是什麼波函數還
有哈密頓算符…

我看不懂啦～！！

這也難怪啦～

就請擂台主持人來解說薛丁格方程式吧。

這個式子中最重要的是表示時間的「t」。

既然物質具有波動性，就應該會依時間移動到其他位置才是。

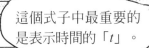

$$i\frac{h}{2\pi}\cdot\frac{\partial\psi}{\partial t}=H\psi$$

這個式子就是用來計算這個行動的。

因此，電子會運行在怎麼樣的軌道上，也是用這個式子求出來的。

於是我們才能知道，原子中的電子軌道是什麼形狀。這就是被稱為 s 軌道、p 軌道、d 軌道與 f 軌道的軌道型態。

複習入門薛丁格方程式所需要的高中數學

一下子變得好難呢～

薛丁格方程式是量子力學基本中的基本，但它也是令很多人就此放棄的一大難關。

網路上也有很多人批評：「大多數量子力學入門書都把薛丁格方程式亂講一通、矇混過去」，本書的作者想必也深有同感吧。

接下來我們要來學習一下，在理解薛丁格方程式時會需要用到的高中數學與物理。

如果你對數學與物理十分在行，可以直接跳到 176 頁。如果想直接看故事的人則請直接跳到 184 頁。

①複數與三角函數

$z = a + ib$（a、b 為實數、i 為虛數單位）

複數 z 除了用上面的表示方式外，還可以如下所示利用三角函數、以極座標的方式來表示。

$z = r (\cos \theta + i \sin \theta)$

169

如果你把它看作在單位圓（以原點為中心、半徑為 1 的圓）上表示角度 θ 的點往外延伸了 r 倍，我想會比較容易理解。

　　$\cos\theta + i\sin\theta$，常常會出現在薛丁格方程式的解說中，$\sin$ 與 $\cos$ 是最適合用來表示波的函數。

②指數函數

　　指數函數就是以

$$y = a^x$$

來表示的函數。將它對 x 做微分※就可以得到

$$(a^x)' = a^x\log_e a$$

這似乎看起來很棘手，但如果將 a 代入 e（自然對數的底數）的話，

$$(e^x)' = e^x$$

就會變得十分簡單，將之做微分或積分也都會變得非常輕鬆。這樣我們當然就會想利用一下 e^x 嘍。

③歐拉公式

　　這個名為「歐拉公式」的式子在高中時並沒有教，但我們可以運用它來表示出：

$$e^{i\theta} = \cos\theta + i\sin\theta$$

換句話說，複數 z 就可以表示為：

$$z = re^{i\theta}$$

這樣三角函數也不見了，就可以變成更單純的式子了。

※要表示微分的話，可以寫成（式子）′或 $\dfrac{d}{dx}$（式子）。後者的好處是它有明確表示出「這是關於什麼的微分」，看起來比較清楚。

④微分與積分

薛丁格方程式的計算中會出現三角函數與指數函數的微積分。我們來複習一下基本的公式吧。

微分

$(e^x)' = e^x$

$(\sin x)' = \cos x$

$(\cos x)' = -\sin x$

積分

$\int e^x \, dx = e^x$

$\int \sin x \, dx = -\cos x$

$\int \cos x \, dx = \sin x$

以下舉個例題來看看。請將以下式子對t做微分。

$$x = A \sin \omega t$$

$$\downarrow$$

$$\frac{dx}{dt} = A\omega \cos \omega t$$

微分的結果，我們推導出簡諧運動中位移 x 對 t 的微分，也就是「速度」。將 v 代入這個式子，再對 t 做微分得到：

$$\frac{dv}{dt} = -A\omega^2 \sin \omega t = -\omega^2 x$$

現在我們得出了「加速度」。微積分就是讓我們推導出未知事物的重要工具。

複習入門薛丁格方程式所需要的高中物理

①與波動相關的術語

在此要把會常用到的術語做個集合。有些部分會與高中所學的符號不同，這是因為我們彙整的是薛丁格方程式有用到的符號的緣故。

> T：週期　　ν：頻率

$T\nu = 1$

T（週期）與 ν（頻率）是倒數的關係。

> λ＝波長

ν（頻率）與 λ（波長）相乘起來，就變成 υ（波速）。

$$v = \nu\lambda \ , \nu = \frac{v}{\lambda}$$

舉個例，電視台所使用的 UHF 波，設 λ（波長）為 0.5m，請計算其 ν（頻率）。由於電磁波的速度約為 3×10^8m／s，因此答案是：

$$\nu[\text{s}^{-1}] = \frac{3 \times 10^8[\text{m/s}]}{0.5[\text{m}]} = 6 \times 10^8[\text{s}^{-1}] = 600 \times 10^6[\text{s}^{-1}]$$

600 萬次／秒，也就是 600MHz。

> ω：角頻率

這與高中所學的角速度（向量：具有方向的量）在數值上相同，但在薛丁格方程式中它被當作是純量（沒有方向的量）。它是 ν（頻率）乘上 2π 所得到的，所以表示如下：

$$\omega = 2\pi\nu$$
$$T\omega = 2\pi$$

由於表示波動的式子中常常出現「2π」，因此我們可以將 $2\pi v$ 代換為 ω 將它簡略化。

k＝波數

我想這個術語在高中應該沒有教過。它是 2π 除以 λ（波長）的數值。

$$k = \frac{2\pi}{\lambda}$$

$$k\lambda = 2\pi$$

我們可以看出，它是表示在 2π 當中含有幾個波長的意思。與 ω（角頻率）及 T（週期）的關係相同，k（波數）與 λ（波長）的關係也是透過 2π 互成反比。

②振動與波動

在高中，一開始學表示週期變化的公式時應該是等速圓周運動，接下來則是學將這種運動投射在直徑上的簡諧運動公式。

當初始值為 0，而投影在 y 軸時，t 秒後的位移可以表示為：

$$y = A\sin \omega t$$

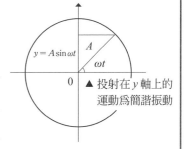

▲ 投射在 y 軸上的運動為簡諧振動

這個式子可以說是我們進入薛丁格方程式漫長之路中的第一步。

簡諧運動只是在直線上來來去去做週期的變化，但波動是會傳播出去的。高中所學的波動方程式是寫成下面這樣子：

$$y = A\sin 2\pi\left(\frac{t}{T} - \frac{x}{\lambda}\right) \quad （A：振幅、T：週期、\lambda：波長）$$

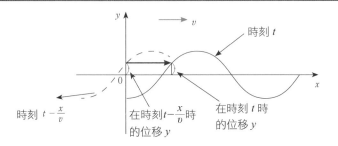

因為有 x（位移）與 t（時間）二個變數，所以看起來好像很複雜，但如果設 $x=0$，就像下列這樣，與在 y 軸上的簡諧運動式子相同：

$$y = A\sin 2\pi\frac{t}{T} = A\sin\omega t$$

在時刻 t 時，在位置 x 上的 y 方向位移會比在原點 0 上晚到達 $\frac{x}{v}$，因此簡諧運動式子中的 t 要代換成 $t-\frac{x}{v}$，這樣就會導出下方如高中程度的波動方程式：

$$y = A\sin 2\pi\left(\frac{t-x/v}{T}\right)$$
$$= A\sin 2\pi\left(\frac{t}{T} - \frac{x}{\lambda}\right)$$

要將這式子中的 2π 消掉，我們就要用 ω 與 k 來將之變形成：

$$y = A\sin(\omega t - kx)$$

由於 $\sin(-\theta) = -\sin(\theta)$，所以又可以變成下列式子：

$$y = -A\sin(kx-\omega t)$$

在薛丁格方程式中出現的波函數 ψ 是：

$$\psi = A\cos(kx-\omega t) + Ai\sin(kx-\omega t) = Ae^{i(kx-\omega t)}$$

所以我想大家可以知道，我們在高中學到的波動方程式，雖然符號不太一樣，但其實是包含在薛丁格方程式的波函數當中的。雖然在高中時，講到波都是指正弦（sin）波在 x 軸上做正向移動，但在波的性質上，往負向移動、餘弦（cos）波、或是振幅方向相反等，這些都是波的表現。

將複數與指數函數應用在高中所學的波動方程式上，不但可以擴充空間，還可以表示出衰減與增強的情況，因而會被用在薛丁格方程式中，也是可想而知的。

③**動量與能量**

動量與能量是非常基本的物理量，不過因為怕大家忘記了，所以我們就再複習一下吧。在高中時學的動量，是一個以質量×速度所表示的向量。

$p = mv$　　　　（p：動量、m：質量、v：速度）

機械能（力學能）則是將動能與位能相加起來的純量。

質量為 m 的物體在做等速直線運動時其動能為：

$E = \dfrac{1}{2}mv^2$　　　（E：能量、m：質量、v：速度）

我們知道，動量乘上速度就會變成能量的單位。

以下舉一個位能的例子。將彈簧拉長 x 的狀態可以這樣表示：

$E = \dfrac{1}{2}kx^2$　　　（E：能量、k：彈性係數、x：與自然長度的差）

除此之外，能量還有各種表示的方式。比方說粒子的靜止質能為：

$E = mc^2$　　　（E：能量、c：光速）

光子的能量為：

$E = h\nu = pc$　　　（E：能量、h：蒲朗克常數、ν：頻率、p：動量、c：光速）

我想很多人在高中就有學過光電效應，就是用頻率較大（波長較短）的光照射金屬時，金屬會放射出光電子的現象。這時光電子的動能可以這樣表示：

$\dfrac{1}{2}mv^2 = h\nu - W$　　（W：使電子離開金屬所要做的功）

雖然這些式子都是高中課程所學的內容，但它們可以說是進入量子力學的橋樑唷。

特別講座
任何人看了都（或許）會有點了解的薛丁格方程式

我是本書作者石川。正如 169 頁中九尾教授所說的，我一開始的確想把薛丁格方程式隨便矇混過去。畢竟雖然我非常喜歡科學，卻也非常討厭數學公式（笑）。

但，在撰寫這本量子力學的書時，我也的確會想：「難道不能做點什麼嗎？」市面上每一本解說書籍，都是先講波耳的量子條件然後是德・布羅意的物質波，接著就直接出現薛丁格方程式，就算你想知道「在德・布羅意與薛丁格之間到底發生了什麼事？」最後也只能以「反正薛丁格就是個天才嘛，哈哈哈…」了事。這樣實在太對不起諸位讀者了。但話雖如此，我自己其實也不是這麼了解呀。

所以，我就請負責監修本書的東京理科大學名譽教授川端潔老師為我們做一次特別講座，我則試著將講座的內容做個整理。

●從愛因斯坦到德・布羅意

要了解薛丁格的波動方程式，我們必須再一次回到愛因斯坦所發表的光量子說上面。

當光照射在鉀等特定金屬上時，會有電子跑出來，這就是光電效應。奇怪的是，波長太長（頻率太小）的光，無論有多強這個現象也不會發生。愛因斯坦思考了這箇中道理後，最後表示：光實際上是一種稱為光子（當時稱為光量子）的粒子在流動，其能量可以寫成下列式子：

$$E = h\nu = \frac{hc}{\lambda} \quad\cdots\cdots\cdots\cdots\cdots\cdots\cdots\cdots\cdots\cdots\cdots\cdots\cdots\cdots\cdots\cdots\cdots\cdots (1)$$

（E：能量　h：蒲朗克常數　ν：頻率　c：光速　λ：波長）

這時的動量如下所示：

$$p = h\nu \times \frac{1}{c} = \frac{hc}{\lambda} \times \frac{1}{c}$$

$$p = \frac{h\nu}{c} = \frac{h}{\lambda} \quad\cdots\cdots\cdots\cdots\cdots\cdots\cdots\cdots\cdots\cdots\cdots\cdots\cdots\cdots（2）$$

由於光已經被證明是一種波了，所以愛因斯坦的發現則證明了「光具有粒子與波的雙重性質」。若是如此，則波長太長的光（頻率太小的微弱光線）由於其中個別粒子（光子）所帶有的能量太小（參照（1）式），所以不論再怎麼增加光的量也無法賦予金屬原子足夠的能量使電子飛出。光電效應的謎題在此便獲得了解答。

但是既然過去被認爲是波的光具有粒子的性質，那麼被認爲是粒子的電子是不是也可以看作是波呢？德‧布羅意的物質波這個概念的原點就在這裡。

如果電子具有波的性質，那應該要有個能夠表示它的方程式呀。薛丁格讀過德‧布羅意的論文後有了這種想法。另外早在60年前，馬克士威就做出將光當作波（電磁波）時的理論計算。他的方程式成了電磁學基礎中的基礎，只要是學物理的人都必須要知道。說不定薛丁格也夢想自己能獲得這樣的榮耀呢。

● 用式子來表示「波」

由於波是週期性往返地運動，因此可以用sin（正弦）與cos（餘弦）等三角函數來表示它。我想大家看下一頁的圖形就能夠了解這點了。

$$\sin x 或 \cos x \quad\cdots\cdots\cdots\cdots\cdots\cdots\cdots\cdots\cdots\cdots\cdots\cdots\cdots\cdots\cdots（3）$$

但是在進行理論研究或用電腦做數值運算時，來回一圈的角度 x 通常不用 360 度，而是用 2π 這種稱爲弧度（或弳度）的單位來表示。

在此我們要利用作爲統整sin與cos時所會用上的 e（歐拉數、納皮爾常數，自然對數的底數）的數學常數來做表示。e 與 π 同樣都是一種超越數，它的定義如下頁所示：

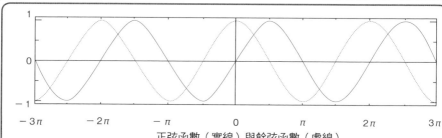

正弦函數（實線）與餘弦函數（虛線）

$$e = \lim_{n \to \infty}\left(1+\frac{1}{n}\right)^n = 2.71828\ 18184\ 59045\ 23536\ 02874\ 71352 \cdots\cdots\cdots (4)$$

※ $\lim\limits_{n \to \infty}$ 代表在 n 爲無限大時的極值。

同時我們再利用理組學生在大學會學到的歐拉公式（參考 170 頁，詳細說明在此省略），就可以得到：

$$e^{ix} = \cos x + i \sin x \cdots\cdots\cdots\cdots\cdots\cdots\cdots\cdots\cdots\cdots\cdots\cdots\cdots (5)$$

這樣寫起來就更簡單方便了。

接下來要出現的 i 就是我們在高中學過的虛數單位，也就是平方起來爲 −1 的數字。由於量子力學的世界已經無法用實數來表示了，因此必需要將數字擴展到被人認爲只存在於想像的複數上。

另外，如果我們看一個一般的指數函數，也就是像 $y = e^{ax}$ 這樣的函數時，當 a 爲正時，x 越大函數值就越大；若 a 爲負時，則 x 越大函數值就越小。換句話說，利用含有複數的 e 的指數式子，就可以表示出正在增大或衰減、同時亦如正弦波或餘弦波般反覆來回的波形。

$$i^2 = -1, \ i = \sqrt{-1} \cdots\cdots\cdots\cdots\cdots\cdots\cdots\cdots\cdots\cdots\cdots\cdots\cdots (6)$$

運用這樣的概念，我們就可以用數學來說明各式各樣的自然現象，這真是十分有趣呢。

●建立波動與粒子二者的物理量關聯

運用這種思考方式，我們將表示波動現象用的波函數 ψ 定義為位置 x 與時間t的函數，則可以用下列式子來表示：

$$\psi(x,\ t) = \psi_0 e^{i(kx-\omega t)} \cdots\cdots\cdots\cdots\cdots\cdots\cdots\cdots\cdots\cdots\cdots\cdots\cdots (7)$$

（ψ_0：波的振幅、k：波數、ω：角動量）

如果也將（7）式右邊表示為三角函數的話可以寫成：

$$\psi(x,\ t) = \psi_0 \cos(kx-\omega t) + i\psi_0 \sin(kx-\omega t)\cdots\cdots\cdots\cdots\cdots\cdots (8)$$

我想，薛丁格或許是想將這個式子與一開始寫過的、粒子的能量表示式（1）及運動量表示式（2）聯結在一起也說不定。為此，直接微分觀察它的變化量是最快的，但由於它的定義中有位置座標 x 與時間 t 兩種變數，因此我們要用偏微分的方法，必須先固定時間 t 以觀察位置座標 x 的變化，再固定位置座標 x 來觀察時間 t 的變化。

當時間 t 固定而只變動位置座標 x 時，會是下面這樣：

$$\begin{aligned} \frac{\partial \psi(x,\ t)}{\partial x} &= \psi_0 ike^{i(kx-\omega t)} \\ &= \psi_0 \times ik \times e^{i(kx-\omega t)} \\ &= ik\psi(x,\ t) \quad\cdots\cdots\cdots\cdots\cdots\cdots\cdots\cdots\cdots (9) \end{aligned}$$

接下來固定 x 只改變 t 時，同樣的式子會變成下面這樣：

$$\frac{\partial \psi(x,\ t)}{\partial t} = -i\omega\psi \cdots\cdots\cdots\cdots\cdots\cdots\cdots\cdots\cdots\cdots\cdots (10)$$

現在要將這些式子做個整理以求出其與（1）、（2）式的關係。在此，薛丁格將上面的（9）、（10）式的二邊都乘上

$$-i\frac{h}{2\pi}$$

這個數值。這裡很重要唷，因為這最後會將式子整理成非常簡潔的形式。

$$-i\frac{h}{2\pi}\frac{\partial \psi(x,\ t)}{\partial x}=-i\frac{h}{2\pi}\times i\left(\frac{2\pi}{\lambda}\right)\psi(x,\ t)=\frac{h}{\lambda}\psi(x,\ t)=p\psi(x,\ t)\cdots(11)$$

$$-i\frac{h}{2\pi}\frac{\partial \psi(x,\ t)}{\partial t}=-i\frac{h}{2\pi}\times(-i\omega\psi(x,\ t))$$

$$=-\frac{h}{2\pi}\times 2\pi\nu\psi(x,\ t)=-h\nu\psi(x,\ t)=-E\psi(x,\ t)\cdots(12)$$

再來，由於這個式子有很多，我們就把它設為新的常數：將蒲朗克常數h加上一槓變成ħ（唸作"hi-bar"）。

$$\hbar \equiv \frac{h}{2\pi} \quad\cdots\cdots\cdots\cdots\cdots\cdots\cdots\cdots\cdots\cdots\cdots(13)$$

於是

$$p = \frac{h}{\lambda} = \frac{2\pi}{\lambda} \cdot \frac{h}{2\pi} = k\hbar \quad\cdots\cdots\cdots\cdots\cdots\cdots\cdots\cdots(14)$$

$$E = h\nu = \frac{h}{2\pi} \cdot 2\pi\nu = \hbar\omega \quad\cdots\cdots\cdots\cdots\cdots\cdots\cdots\cdots(15)$$

（11）（12）就變成

$$p\psi(x,\ t) = -i\hbar\frac{\partial}{\partial x}\psi(x,\ t) \quad\cdots\cdots\cdots\cdots\cdots\cdots\cdots(16)$$

$$E\psi(x,\ t) = i\hbar\frac{\partial}{\partial t}\psi(x,\ t) \quad\cdots\cdots\cdots\cdots\cdots\cdots\cdots(17)$$

這樣我們就可以知道，對於動量p有個

$$-i\hbar\frac{\partial}{\partial x}\quad\cdots\cdots\cdots\cdots\cdots\cdots\cdots\cdots\cdots\cdots\cdots\cdots(18)$$

這個算符※，對於能量E則有

※算符：表示對某一量或某一函數進行微分或求旋度等數學運算的符號。

$$i\hbar\,\frac{\partial}{\partial t} \quad \cdots\cdots\cdots\cdots\cdots\cdots\cdots\cdots\cdots\cdots\cdots\cdots\cdots\cdots\cdots\cdots\cdots\cdots\cdots\cdots\cdots\cdots \text{（19）}$$

這個算符做對應。

●寫成對應三維空間的方程式

前面所算的式子都只是在 x 軸的一個方向上而已。在三維空間中當然有 $x\,y\,z$ 三個座標軸，因此動量要包含沿著各軸的分量，一般會寫成 p（p_x、p_y、p_z）。在此我們將 e_x、e_y、e_z 設為 x 軸、y 軸、z 軸方向的單位向量※，則對應於 p 的算符就是：

$$p \rightarrow e_x\left(-i\hbar\,\frac{\partial}{\partial x}\right)+e_y\left(-i\hbar\,\frac{\partial}{\partial y}\right)+e_z\left(-i\hbar\,\frac{\partial}{\partial z}\right)$$

$$=-i\hbar\left(e_x\,\frac{\partial}{\partial x}+e_y\,\frac{\partial}{\partial y}+e_z\,\frac{\partial}{\partial z}\right)=-i\hbar\,\nabla \cdots\cdots\cdots\cdots\cdots \text{（20）}$$

最後面出現的、倒三角形的記號，稱為梯度算符（gradient）或劈形算符（nabla），它的定義是：

$$\nabla \equiv e_x\,\frac{\partial}{\partial x}+e_y\,\frac{\partial}{\partial y}+e_z\,\frac{\partial}{\partial z} \quad \cdots\cdots\cdots\cdots\cdots\cdots\cdots\cdots\cdots\cdots\cdots \text{（21）}$$

在常用到它的計算式中，用這種形式來表示會比較便於查看。

※單位向量指的是長度為 1、指向固定方向的量。比方說 e_x 就代表方向與 x 軸平行的單位向量，以 $x\,y\,z$ 軸方向的座標分量來表示就為（1、0、0）。

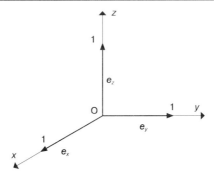

沿著 xyz 軸所取的基本單位向量 e_x、e_y、e_z

　　在牛頓力學中，當位能為 U、質量為 m 的質點（只有質量、不考慮體積的點）受到作用力而運動時，其能量 E 與動量 p 具有這樣的關係：

$$E = \frac{\boldsymbol{p}^2}{2m} + U(x,\ y,\ z,\ t) \cdots\cdots\cdots\cdots\cdots\cdots\cdots\cdots\cdots\cdots\cdots (22)$$

因此對應到前面我們所求得的算符（19）（20）就變成：

$$i\hbar\frac{\partial}{\partial t} = \frac{1}{2m}(-i\hbar\nabla)^2 + U(x,\ y,\ z,\ t)$$

$$= -\frac{\hbar^2}{2m}\nabla^2 + U(x,\ y,\ z,\ t) \cdots\cdots\cdots\cdots\cdots\cdots\cdots (23)$$

將這個式子作用在波函數 ψ 上，則根據（21）所導出的關係，

$$\nabla^2 = \frac{\partial^2}{\partial x^2} + \frac{\partial^2}{\partial y^2} + \frac{\partial^2}{\partial z^2} \cdots\cdots\cdots\cdots\cdots\cdots\cdots\cdots (24)$$

就可以得到[※]

$$i\hbar \frac{\partial \psi(x,\ y,\ z,\ t)}{\partial t} = \left(-\frac{\hbar^2}{2m}\nabla^2 + U(x,\ y,\ z,\ t)\right)\psi(x,\ y,\ z,\ t)\cdots (25)$$

或者

$$i\hbar \frac{\partial \psi(x,\ y,\ z,\ t)}{\partial t} = -\frac{\hbar^2}{2m}\nabla^2\psi(x,\ y,\ z,\ t) + U(x,\ y,\ z,\ t)\psi(x,\ y,\ z,\ t)$$

$$(26)$$

這個關係式就是所謂的「薛丁格的波動方程式」或「包含時間的薛丁格方程式」。

這個式子的寫法有很多種，如果用代表總能量的算符H（哈密頓算符）來表示的話，也就是

$$H \equiv -\frac{\hbar^2}{2m}\nabla^2 + U(x,\ y,\ z,\ t) \quad \cdots\cdots\cdots\cdots\cdots\cdots (27)$$

這樣的話，就可以寫成

$$i\hbar \frac{\partial \psi(x,\ y,\ z,\ t)}{\partial t} = H\psi(x,\ y,\ z,\ t) \quad \cdots\cdots\cdots\cdots\cdots (28)$$

這樣十分簡潔的形式了。至於內容意思則全部相同。

想知道更詳細的解法的人，請再閱讀 229 頁起的解說。

※∇^2 有時也寫成Δ，Δ稱為拉普拉斯算符（Laplacian）。

好，拇指姑娘會怎麼應對？

哼，

還有其他方式可以求出電子的動態！

什、什麼～？

這是海森堡的運動方程式！

$$i\hbar \frac{dA(t)}{dt} = [A(t),\ H] = A(t)H - HA(t)$$

i：虛數單位　　h：蒲朗克常數
d：微分符號　　t：時間
A：時間 t 中所變化的物理量
H（哈密頓算符）：對應於能量的算符

你懂這式子的意思嗎？

嗚，

你看你看，

嗚嗚～

一寸法師！

步步逼近

換手！

交、交給你了…

你對量子力學那麼不在行，上來有什麼用啊！？

哼。

海森堡比薛丁格更早就將原子內的電子動態表達爲數學式了。

他最劃時代的想法，就是在於不將電子拘泥定位在粒子或波上面。

不單如此，他還先將電子軌道這種概念擺在一旁，只用數學式去表示原子中電子的頻率與原子所輻射出的光譜之間的關聯性。

換句話說，就是將原子視為一種黑盒子嘍？

沒錯。他只關注在從原子外面可以看到的現象──輻射光譜與頻率，並把二者的關係化爲數學式。

嗚嗚

老哥好厲害呀～！

看來補習有成效了唷。

我說呀～

這式子不是很像薛丁格方程式嗎？

沒錯！這二個式子非常相似！

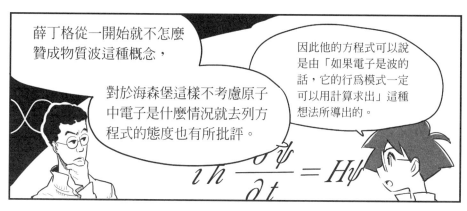

薛丁格從一開始就不怎麼贊成物質波這種概念，

對於海森堡這樣不考慮原子中電子是什麼情況就去列方程式的態度也有所批評。

因此他的方程式可以說是由「如果電子是波的話，它的行為模式一定可以用計算求出」這種想法所導出的。

$$ih\frac{\partial \psi}{\partial t} = H\psi$$

反對的反對就是贊成…

是不是這樣？

說不定就是如此呢。

薛丁格自己也證明了海森堡與自己的方程式在數學上是等價的。

只是最後，能充分描述物質波動的薛丁格方程式變成了主流而已。

這樣不就代表我贏了嗎！？

閃亮

這個嘛，薛丁格呀…

187

不公平啦！他們的人數比較多！

放心，沒問題的啦。

悄悄話 悄悄話 悄悄話

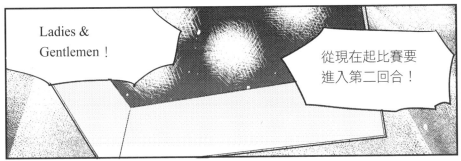

Ladies & Gentlemen！

從現在起比賽要進入第二回合！

前面獲得一勝的薛丁格隊，現在要稍微改個名。

薛丁格、愛因斯坦、蒲朗克、德‧布羅意聯合隊！

喔！夢幻隊伍！

另一方面，
海森堡隊！

改名為海森堡、波耳、玻恩聯合隊！

玻恩是誰啊？

咱們這兒可是有愛因斯坦這位大師在呢。

新的名字出現了！

馬克斯・玻恩是德裔的英國理論物理學家，比起薛丁格與海森堡，感覺上比較不甚出名。

但他是在量子力學中第一個使用了「機率」這個詞的偉大學者。

馬克斯・玻恩　Max Born
（1882～1970）

機率是非常重要的關鍵詞。

好！比賽開始！

玻恩算什麼東西！

也難怪薛丁格隊會這樣想。

在他的方程式發表後的隔年，電子射線（陰極射線）被發現也具有繞射、干涉等現象，德‧布羅意的物質波也經由實驗證明是存在的。

就是呀！因為電子是波嘛！

薛丁格才是走在時代的尖端啦！

薛丁格隊似乎有點招架不住了呢。

這裡的關鍵所在,就是電子射線的雙狹縫實驗。

首先請看下圖。

●電子射線的繞射、干涉實驗

當電子射線從電子槍射向雙狹縫時,會出現干涉的現象:干涉條紋。

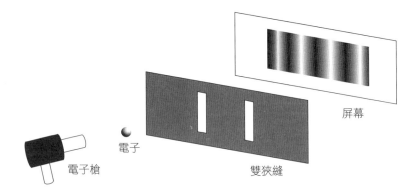

屏幕

電子

電子槍

雙狹縫

從 1805 年起,雙狹縫實驗就被當作是驗證光的波動性的實驗。將光改成電子射線,就是我們現在在講的實驗了。

使用檢測用的屏幕（照相用底片等等），電子射線也會產生波動特有的干涉條紋。這項事實，對於發表波動方程式的薛丁格來說，應該是強而有力的幫助才對呀。

 但是，人們改變各種實驗條件重複執行後，對於電子是不是波動也產生了疑問。也就是說，當電子以幾百萬個單位發射出去時，是能夠產生漂亮的干涉條紋。但當數目減到幾千個時就看不太出來，到數十個時，干涉條紋就不會出現了。

當電子以幾百萬個單位發射出去時能夠產生漂亮的干涉條紋

電子槍

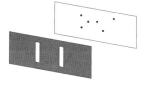

只發射數十個電子時，就不會出現干涉條紋

電子槍

 這裡大家很容易搞錯，它可不是說電子少時條紋會變淡薄唷，而是說屏幕根本就無法構成條紋的形狀。

換句話說，這顯示出電子依然是粒子，而同時它也具有波動的性質。為什麼會如此呢？玻恩在經過思考之後，發表了一項假說。

既是粒子又是波，這是什麼意思你懂嗎？

嗚…嗚嗚，

我不懂啦～！

嘿一煞一！

第二回合得勝者，拇指姑娘選手！

跳

跳

那麼，在此就請貫太選手對玻恩的機率詮釋做個簡單的說明。

電子的波，就是發現電子的機率
馬克斯・玻恩

機率波是什麼呀？

薛丁格認爲物質波是物質的疏密波，

換句話說，就類似聲音在空氣中傳遞時的空氣狀態。

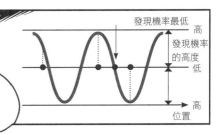

但是玻恩所提出的機率波，則是將電子當作一個點的粒子，

而發現這個粒子、也就是粒子出現的機率，會有如波一般的變化。

發現機率最低

發現機率的高度
高
低

高
位置

聽得懂嗎？

…似懂非懂…

當電子槍射出的電子飛向塗有感光材質的屏幕時，在接觸之前的狀態就像上面的圖形，有可能出現在各種地方。

這時「能夠發現到的機率高低」，就是電子所表現出的波動性。

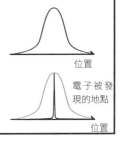

位置

電子被發現的地點

位置

195

但如果被發現了呢？

如果在屏幕等位置檢視出電子的瞬間，在其他地點出現的可能性就消失了。

這就是出現的機率波收縮起來了。

我懂了！

換句話說，電子這種粒子會一直四處亂跑，我們要找的就是它這時「究竟位在哪裡」對吧？

Oh…
Ninja…

電 電 電 電

在這裡！

這裡就是大家容易弄錯的地方了！

比方說，電子槍對著雙狹縫只射出一顆電子。

這時，電子如果只是單純的粒子的話，必定只會通過其中一個狹縫才對。但是這麼一顆電子，卻會同時通過這兩個狹縫到對面去。

換句話說它以粒子形式發射出去，在通過狹縫時卻變成完全的波，最後又變回一顆粒子。

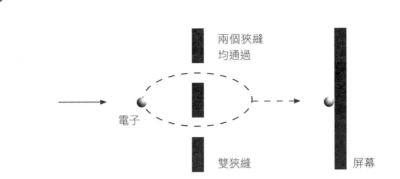

兩個狹縫
均通過

電子

雙狹縫

屏幕

這樣豈不是完全變成幽靈了！？

可是這樣我好像反而懂了耶～

為什麼？

因為，當物質要不斷被切下去時，如果我們說「最後就是這個粒子」的時候，好像又可以繼續切下去。但如果電子是如現在所講的樣子，大家就只能放棄切割，布丁的悖論就會在這裡結束了…

倒不一定要放棄，不過確實電子成為波的話就無法再切小，而其他構成物質的基本粒子只要具有強烈的波的性質，也很難再做分割呢。

197

假設我們在箱子裡只放入一顆電子,之後再從正中央放一塊板子隔開。在這種情況下,電子會在左邊隔間或右邊隔間的機率各為 50 %,不會特別偏向任一邊。

 在箱子中放入電子。

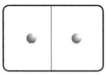 不去確認電子的位置,而將箱子中隔成二半,這時電子會變成在左右二邊隔間各存在 50 %(量子態的共存)。
※並非「存在於其中某一邊」

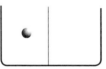 當我們打開箱子用光去確認電子的位置時,量子態的共存就會崩塌(也就是發現的機率波會收縮起來),我們就會在左右某一邊看到它。

 如果粒子只是飛來飛去的話,在箱子被隔成二半時就一定只會在左邊或右邊隔間,但電子卻不是如此耶。

 在你觀看之前,都不能確定它是在左邊還右邊唷。

 好像有一種被耍的感覺耶~

 嗷嗚~

對於玻恩的機率詮釋，寫出物質波行為方程式的薛丁格卻怎麼樣也無法贊同。

可以說他是難以接受這樣不靠準確計算、只靠機率來求出結果的想法吧。

不單如此，那位鼎鼎大名的愛因斯坦、被稱為量子論之父的蒲朗克、以及物質波的提倡者德‧布羅意，這些赫赫有名的人士全加入機率詮釋的反對派陣營中。

重大危機！

別擔心，機率詮釋派的陣容也不輸人。這邊的老大是「量子力學之父」波耳，

接著有玻恩、還有前面講過的海森堡也帶著強力的武器前來參戰，

這項武器就是測不準原理（也就是不確定性原理）。

嗚嗚，前面講的就已經很難了，到現在連人際關係都那麼複雜！

這裡已經接近尾聲了，加油吧！

海森堡的測不準原理，就是在說明「任何二種物理量的組合中，不可能同時測量出這二種物理量而毫無測量值偏差」的理論。

接下來我們就要對它做個說明，因此就算聽不太懂也沒關係，請先記起來唷！

很難吧～

哇

這就是測不準原理！

位置與動量的情況，

$$\Delta x \times \Delta p \geq \frac{h}{2}$$

（位置的不確定幅度）×（動量的不確定幅度）$\geq \frac{1}{2}$ 蒲朗克常數／2π

x：位置　p：動量　Δ：幅度　$\hbar = \frac{h}{2\pi}$

h：蒲朗克常數（6.626×10^{-34}〔焦耳・秒〕）

這個理論是：比方説我們要得知電子的位置與運動時，如果可以準確地確定位置（盡可能地使誤差Δx 接近 0）時，就會無法確定運動的方向與速度；相反地，如果可以準確地確定運動方向或速度（盡可能地使誤差Δp接近 0）時，又會變得無法確定位置。

這就是測不準原理唷。

知道它的位置就不知道它怎麼動；知道它怎麼動就不知道它的位置，

也就是說我們無法準確地確定電子未來的位置所在嘍。

這似乎就與機率詮釋有關呢。

換句話說，自然的現象全都是曖昧不明的，對於將來會發生的事我們也只能知道一個大概的機率而已。

這不是當然的嗎？沒有人知道明天會發生什麼事…

這裡所講的可不是宿命論，而是物理法則唷。

對於古典物理學來說，只要了解一樣事物現在的位置與運動的話，就能夠求出經過某段時間後它所在的位置。

比方說從東京開始以時速100公里向西飛行1小時後，就會到達山梨縣的甲府市。

Kōfu 100km/1h Tokyo

但在量子的世界中，由於無法同時準確確定位置與運動這二方面，所以最後這些位置就會變得曖昧不明。

我覺得曖昧點也沒啥不好呀～

飄來

晃去

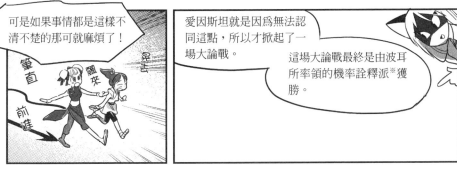

可是如果事情都是這樣不清不楚的那可就麻煩了！

筆直前進

飄來

晃去

愛因斯坦就是因為無法認同這點，所以才掀起了一場大論戰。

這場大論戰最終是由波耳所率領的機率詮釋派※獲勝。

他們是怎麼勝利的呢？

薛丁格等人一直想找出新的物理學方程式來擊垮測不準原理，但最終仍舊如同海森堡所主張地，要同時求出位置及動量是不可能的。

換句話說，有點像是因為比賽時間到了，所以只好判機率詮釋派獲勝的感覺。

※由於集結在波耳的研究所中的學者們都主張這樣的詮釋，因此他們就被稱為哥本哈根學派，而這種詮釋就被稱為哥本哈根詮釋。

…以上就是在量子力學進展最大的 1920 年代中所發生的事情嚕。

好！這次真的要向波耳老師報告去啦！

嗚

理論物理研究所

波耳老師！

看來你說得是對的唷！

咦？

靜—！…

奇怪了…波耳老師到哪兒去了？

啊！

量子蒙面俠！

哎呀，早呀～

壽司？

在丹麥耶？

最近在丹麥也能買得到壽司，很方便唷～

最近！？

現在是什麼年代？

從剛才你們所在的年代一下子跑到 80 年以後的世界囉。

當我們是浦島太郎嗎？！

那波耳老師已經…？

波耳已經在 1962 年過世了。

怎麼會…

別難過。

在他之後，量子力學的領域依然有許多偉大的研究學者出現，也發表出相當有趣的理論來。尤其像是狄拉克等人…

尾聲
量子力學還觸及到了
「其他的世界」

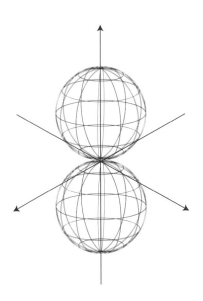

啊———！

做完工作後吃的布丁真是好吃！

這次在學校以外的地方公演，還真是緊張呀～

老哥的重考也順利合格了說！

真是太好了～

放心

謝謝二位老師的幫忙。

沒有沒有。

哪裡是「沒有沒有」嘛!

還要我演那種角色…

妳演得很好呀。

嗚~~

唔!?

看了我都很想演演看呢

那個,九尾老師,

能不能介紹一下在劇裡面出現的一位人名呢?

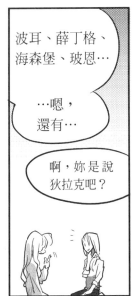

波耳、薛丁格、海森堡、玻恩…

…嗯,還有…

啊,妳是說狄拉克吧?

狄拉克講起來太複雜,所以我就省略掉了。

這恐怕是難免的吧。

狄拉克預言了反粒子的存在。

狄拉克在思考過相對論後重新整理了薛丁格方程式，並寫出當電子以接近光速的速度在移動時依然成立的狄拉克方程式。而依據這道方程式的計算，說明了帶正電的電子是存在的。在苦思許久後，他在 1928 年發表了預言正電子※存在的論文。4 年後人們從太空射向地球的宇宙射線中，發現正電子真的存在因而證明了他的想法是正確的。後來，相對於質子的反質子以及相對於中子的反中子也都相繼被發現。

保羅・狄拉克　Paul Dirac
（1902～1984）

最後，人們發現構成物質的粒子全部都有反粒子，

從這裡就產生出「真空並非什麼都沒有的空間」這種很像科幻小說的想法嘍。

正粒子（通常的粒子）與反粒子衝突時會相互湮滅，所有的質量都會轉換為能量而消失。

反過來，從能量能夠產生出成對的正粒子與反粒子，因此什麼都沒有的地方也會出現物質。

這哪是科幻小說，根本就是推理小說嘛。

所以才有趣呀。

※ PET（正電子放射層掃描）是利用放射正電子消滅人體內部的電子而產生伽馬射線以用來診斷的技術，如今已經實用化了。

老師，那布丁的悖論，最後究竟要對半分到哪種程度才能結束呢？

目前，超弦理論是被認為能說明物質與能量最小構成單位的最有力理論。

布丁會變成一根根弦嗎？

無論如何，物質與能量看來一定都是由某種共同的最小單位所構成的。

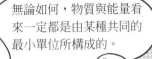

那，阿基里斯是不是總有一天能追上呢？

妳是說阿基里斯與烏龜的悖論吧。

物質的大小如果有最小單位的話，阿基里斯只要能不斷縮短與烏龜的間距，距離遲早會變成零的。
另外在量子力學中，時間也被看作具有最小單位，因此烏龜與阿基里斯之間的時間差不可能短過最小時間。

換句話說，不論從哪點來看，都可以追得過去。

Column 超弦理論的超簡單說明

●所有的物質都是由「弦」所組成？

　　基本粒子被人當作是物質的最小單位，但人們總覺得它很不「乾脆」。隨著研究發展，不斷有新的基本粒子的出現。被人發現的、理論上所設想的粒子，統統加起來約有 150 種，加上反粒子的話就有 300 種以上，數量比元素還多，感覺很不搭調。

　　補充一點，基本粒子的數量會根據怎麼計算「共振態的差異」而有所不同。但即使如此，因為作為物質（包含力）最終單位的基本粒子有那麼多種，所以這實在不能被視為是物理學的終極目標。

　　於是超弦理論就因而誕生了。它的內容用最簡單的說法條列出來，是這個樣子的：

・物質的終極要素不是「粒子」而是「弦」。

・弦（超弦）的大小大約是 10^{-35} 公尺。

・隨著弦的狀態不同，就會形成各式各樣的基本粒子。

　　這裡的弦指的就是像吉他或小提琴那樣的弦，英文是「superstring theory」。

　　「弦的狀態」，指的正是這個弦振動產生波動的狀態。而且弦的頻率並非一定，有各種不同的值，這是與基本粒子的不同之處。

●「開放」的弦與「封閉」的弦

　　我們再說明一下弦的狀態吧。

　　根據超弦理論，這個「弦」的種類分成有兩端的、與繞成環狀的二種。與其說這是二個不同的種類，不如說是不同的形狀。它與弦樂器相同，具有整條弦振動形成的基音，以及產生節點的泛音。同時由於相互作用，二條「弦」會變成一條。不過這部分用一般的知識來看並不容易理解，因此在此讀者們只要知道有這回事就好。

這講起來會那麼難懂，還有一個原因。

超弦理論是許多學者不斷將新的構想加進去的結果。雖然它漸漸被系統化，但到了現在，這種「弦」已經是在十維的世界中振動了。我們的日常空間有三維、加上時間共四維，現在還多出了六維！

這多出來的六維是怎麼回事呢？實際上，超弦理論說被「緊緻化」了，因此我們看不到。到了這個地步，已經是完全超越科幻小說的範圍了。

另外，這樣高維度的物理學現在是非常熱門的領域，像美國女性理論物理學家麗莎・藍道（Lisa Randall）的著作，就是全球的暢銷書籍之一。她的書是從量子力學及宇宙論二方面開始講起，即使不能理解理論，讀起來也十分有趣，有興趣的人可以去找來看看。

●為什麼會出現「超弦理論」呢？

現在來說明一下超弦理論誕生的背景。

在過去的基本粒子理論中認為，構成物質的基本粒子有夸克與輕子二種族群（group），而玻色子則是它們之間交互作用的媒介（參考 115 頁的表格）。雖然這種想法能夠合理地解釋大多數的實驗結果，但它也不是完全沒有問題。

第一點就像先前所寫的，若是以此來建立基本粒子的體系時，基本粒子的種類就變得越來越多。還有另一點，就是它留有「發散的難題」。這意思是說，基本粒子之間的相互作用是距離越近時越大，那麼當距離為無限小時，物理量也會變無限大嗎？基本粒子論對於怎麼解答這個疑問毫無辦法。

那，總是要構思出一個能夠提出解釋的模型……就這樣，人們運用、組合各式各樣的數學計算，創造出超弦理論來。無論如何，在目前這個階段，超弦理論似乎還沒有出現什麼矛盾。由於還沒有什麼足以改變它的有力假說，對物理學家來說，這個理論看來好像還滿合理的。

很可惜，由於要了解超弦理論，不但需要物理知識，還需要高度的數學知識，因此只是看看入門書籍，是絕對無法知道裡面講得到底是對是錯。只是，因為它比起以前的「多種類」基本粒子理論來得簡潔俐落得多，我個人是覺得，量子力學未來的發展應該就是從此理論延伸而去的吧。

●自然界的四種力與超弦理論

另外一點，超弦理論的誕生背景，也是為了嘗試統一「自然界的四種力量」而建立的所謂的統一場論。

現代的物理學中，在基本粒子之間相互作用的力只有四種，這四種就是強力、弱力、電磁力與重力。

強力與弱力（參照 115 頁），聽起來好像是小孩子在用的詞彙，但前者是構成原子核的相互作用，後者則是與基本粒子衰變有關的相互作用，由於它比強力及電磁力還弱，因而被取名為弱力。中子放出電子而變為質子。質子放出正電子（電子的反粒子）而變為中子，這種「貝塔衰變」被認為是由於弱力造成內部的夸克衰變而產生的。電磁力則是電或者磁鐵所產生的力，而重力的相互作用就是萬有引力。另外，這四種力的強弱依序是強力＞電磁力＞弱力＞重力。

但，這分別存在著的四種力，實在讓人無法定心，如果它們能被解釋為「實際上是同樣東西的不同型態而已」的話就簡單多了。因此才一直有人試圖要建立出統一這四種力的理論。

愛因斯坦就曾挑戰去解釋重力，試圖在廣義相對論中將重力與電磁力統一起來，但卻沒有成功。這樣的難題持續了數十年後，終於出現了能夠將弱力與電磁力統一起來的電弱統一理論，發表這套理論的三位學者於 1979 年獲得了諾貝爾獎。從那時起，試圖統一所有力量的研究活動愈來愈興盛，如今可說是處在最鼎盛的時期。

超弦理論也是這些理論的其中之一，但它最大的特色在於，不將物質基本構成要素的基本粒子看作一個「點」。過去在思考無法再小的最終基本粒子時，會用一個沒有大小的「質點」（只有質量的點）去看待之，這是物理學中的常識。但超弦理論卻將它看作「弦」，而且還會因不同的振動狀態而產生各種變化，這簡直是想法上的一大反轉，但許多學者也期待或許能藉此，而使得走入死胡同的統一場論能有新的進展。

可惜的是，至今都還沒有新成果出現。雖然如此，超弦理論這個破天荒且備受矚目的新想法，其今後的動向仍是值得關注的。

♠ 薛丁格只是把波當成一種計算方式而已 ♠

本書終於要進入最後一章了，我們就把量子力學最重要的部分一口氣作個解說吧。當然請放心，我會寫得讓大家即使在碰到難懂部分時也可以讀得懂，並看得很愉快的。

德·布羅意所提出的電子波，後來之所以會演變成「物質波」這個名詞，就是因為不只是電子，所有物質都具有波動的性質。即使是我們的身體，也會像波一般飄來晃去。但是這個「飄來晃去」的程度至多不過是一個原子大小的單位尺度，因此在日常生活當中並不需要擔心「我是波嗎？」此類的問題，因為我們的肉體是可以被眼睛所看見的。

但問題是，當這發生在電子身上時，波的震盪會對它的位置與運動有極大的影響。而且就算解釋說「物質波就是發現機率的波」，你還是會覺得難以理解吧。

沒關係，就連愛因斯坦與薛丁格，也無法接受這種「機率詮釋」。尤其是薛丁格，雖然對德·布羅意的論文感興趣而寫出了表示物質波行為的方程式，但他根本沒想過物質波究竟是怎麼樣的東西。或許正因為他是做事情很徹底的一個人，所以才能夠以純粹數學的方式推導出那項方程式吧……。

既然我們不像薛丁格那樣擅長數學，那就讓我們用想像力來探索物質波的真相吧。

♠ 發現時，機率波就會塌縮 ♠

要解釋量子力學的「機率」時，觀察者的存在是一大重點。所謂的觀察者，換句話說就是指「觀看的人」，物質的狀態會因這個人在或不在而有不同。

有個許多量子力學解說書籍中都會提到的「月亮」的例子。當觀察者用眼睛去觀看掛在夜空中的月亮時，它就固定在那裡。但是當沒有人觀看

時，它就在波動的範圍內飄來晃去。在現實中，這種飄盪非常地微小，所以不會構成問題。但如果月亮呈現出的波動性質會飄盪到是它直徑好幾倍的距離的話，想必我們就無法標定出它真正的位置了。

在電子的情況中，就呈現出這樣的狀態。

當我們將電子「被發現的機率波」化為模型製成圖時，常常會畫成像是雲一般散開來。我們就把這與圖表相互對照，以更詳細地來了解物質波的概念。

當觀察者沒有觀看時，原子中的電子是由機率分布的波所構成，這些波遵循著薛丁格方程式。另一張圖就是把這種波表示為波動「震盪」的圖。

在這個階段，電子的位置無法被確定。它在這些位置上會如雲一般散開。

但是這並不是說，電子從一顆粒子變成像「倒入咖啡中的牛奶」一般擴散變薄。在量子力學的見解裡，應該說它是屬於「在這裡發現的機率有 50 ％」、「在這裡則有 30 ％」這種各種可能性「疊合起來」的狀態。

根據觀察的結果，電子被確認在 B 的位置上。這時電子在其他位置被發現的可能性就消失了，因此在波的圖表上就變成在一點上方的直線了。這就是所謂的物質波塌縮。

解釋起來似乎很不可思議，但這就是目前人們認為最接近真實情況的電子（以及所有物質）的形象。

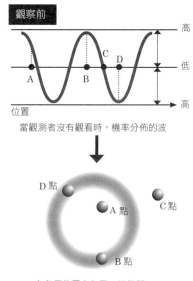

觀察前

當觀測者沒有觀看時，機率分佈的波

D點　C點　A點　B點

在各個位置上如雲一般散開

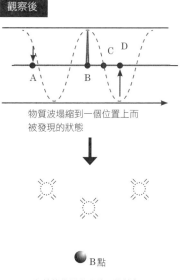

觀察後

物質波塌縮到一個位置上而被發現的狀態

B點

在其他位置發現的可能性便消失了

♠ 「分身術」與發現機率的波有重大的不同 ♠

在這裡還有一點，請大家千萬不要搞錯。

講到發現的機率時，大家都會像環奈那樣有個錯誤的印象：

「就是一顆電子到處飛來飛去吧？」

我一開始看量子力學的書時，也是用這種方式去想像，這大概是受到以前所看的忍者漫畫影響之故。

漫畫中的忍者（當然現實中的忍者不可能做到）可以非常快的速度在對手四周移動，使敵人看不清楚。這時他會不期然地在各個地方瞬間停滯一下，又移動到其他地方去，這樣反反覆覆，看起來就像是分身術。

但是，即使說有了這麼高超的忍術，這種分身畢竟還是一個人快速移動所造成的，因此如果敵人夠厲害的話，還是可以用手裏劍射中。最後在倒地前，也只聽得敵人撇下一句：「你的行動，我看得一清二楚。」這樣的忍者人生還真是悲哀呀。

我想，這時如果能分身成5個人，那麼我處在每個地方的機率就各為 20 %，這樣不就像是發現波的機率嗎？但量子力學可不是這麼簡單的東西。

在雙狹縫實驗中將電子一顆顆依序發射的話…

以電子來說，它在被發現之前，就不是粒子而是波，絕對不是一個粒子在那兒飛來飛去。有個實驗可以將這點表現出來。

首先，請你想像一個用以證明電子是波的雙重實驗裝置。當電子槍發射的電子射線通過二個極為靠近的狹縫時，對面的屏幕會慢慢產生出干涉條紋來。這正是波動特有的干涉現象，是電子為波的決定性證據。但問題是，即使我們將電子一個個分開、不連續地發射出去，

一開始無法形成干涉條紋…

慢慢地開始可以看出條紋形狀…

最後發現，即使一顆顆發射，還是會出線干涉條紋

只要數量愈來愈多，還是會形成干涉條紋。

當初科學家對於電子會產生波的干涉的解釋是：「應該是分別通過兩道狹縫的個別電子之間的彼此影響吧……」。但現在就連電子一個個依序通過狹縫都會發生同樣的現象，這到底是怎麼一回事？

這裡能夠想到的解釋只有一種。電子即使只有單獨一個，也會自己與自己形成干涉。換句話說，直到它打到屏幕而被觀測到位置之前，都不是以「顆」為單位的粒子，而是以波的形式在飄來晃去的。

說起來，這缺乏實際驗證的方法，其實只能說是一種想像而已。如果我們是在電子打到屏幕前去作觀測，由於這樣的觀測必需要有光線的照射，所以會使得電子被光線（光子）擊中而改變其軌道，導致最後還是無法得到結論。

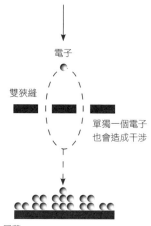

電子

雙狹縫

單獨一個電子
也會造成干涉

屏幕

假說　即使將電子一顆顆依序射擊出去也會產生干涉條紋的原因

這樣的現象，就形成了海森堡的測不準原理。

當我們觀測通過狹縫的電子時，我們必須用光去擊中它才能確認它的位置，而這樣就改變了它之後的運動狀態，因而無法在屏幕上產生干涉條紋。若不作這種觀察的話，電子就會一如預測地形成干涉條紋，但這樣我們又無法標定電子中途究竟在哪個位置。這正是：

「任何二種物理量的組合中，不可能完全沒有偏差地同時測量出這二種物理量。」

♠ 使機率詮釋派獲得勝利的「薛丁格的貓」 ♠

接下來，我們就要來講那個九尾老師曾經提醒過的「（一開始）最好不要扯上關係」的「薛丁格的貓」。

對於量子力學的機率詮釋抱有質疑的薛丁格，某次提出了這樣的思考實驗：

1、準備一個有蓋子的箱子，在其中放入一隻貓。

2、在同一個箱子中放入輻射物質鐳、蓋格計數器，以及氰化氫劇毒氣體的製造裝置。如果鐳輻射出阿爾法粒子時，蓋格計數器便會感測到，進而啟動氰化氫製造裝置。

這種情況下，鐳的阿爾法衰變是可以用量子力學來解釋機率的現象。換句話說，在無法觀測的狀態時，我們無法確定阿爾法粒子有無放射出來。但是當蓋子掀開時機率會「塌縮」到其中一種可能上，那麼結果就是明確的。

這裡假設阿爾法粒子的產生機率為 50 ％的話，當蓋子還蓋著的時候，這隻貓會處於一半死掉、一半活著的奇妙狀態。薛丁格於是主張：「會發生這種奇怪的事情，豈不是表示機率詮釋有問題嗎？」

如果用簡明清楚的「式子」來表示的話，就是這樣：

｜原子的狀態｜＝｜放出輻射線｜＋｜未放出輻射線｜

右邊表示二種狀態的機率加疊。薛丁格說，這就等同於下面這個狀態：

｜箱子中的狀態｜＝｜放出輻射線，貓死了｜＋｜未放出輻射線，貓活著｜

各位覺得如何呢？

薛丁格把這當作是「無法解決的悖論」，但事實上在量子力學中已經有了解答。

首先，根據波耳教授所率領的哥本哈根學派的解釋，觀測者打開箱子的蓋子往裡面看的瞬間，這隻貓的狀態群就會收縮到其中一種狀態上（波動的塌縮）。換句話說，上面第二個式子表示的只不過是還沒看到箱子裡面的時候，當打開箱子時就會決定是處在那一種狀態之下了。

當然，這樣曖昧的解釋還是無法說服薛丁格。他在這群開始對機率詮釋產生興趣的物理學家面前這樣說道：

「各位拜託醒醒吧，你們真的要相信這種荒唐無稽的說法嗎？」

對薛丁格來說，他相信「自然現象的未來是由自然法則決定，這是唯一的可能」這個一直以來的物理學大原則。他好不容易寫出了能夠表示物質波的方程式，卻被說這些實際上是無法確定的……他會感到憤慨也是理所當然。

對於機率詮釋，愛因斯坦也曾在寫給波耳的信中留下「上帝不會擲骰子」這句名言。而量子論之父蒲朗克、物質波的提倡者德‧布羅意也同樣都不贊成。這些都是當時物理學界赫赫有名的成員，看來，主流派應該是這一方才對。

但是機率詮釋派卻絲毫不讓步。事實上，在二派的激烈論戰中，機率詮釋派有好幾次幾乎辯輸，這時波耳就會說：「給我一個晚上想想」然後帶著問題回去，最終每次都能驚險地反駁成功。在這不斷的討論當中，對於貓的生死，大家也承認下面這樣的回答是最合理的了：

「在打開蓋子之前，我們沒有任何辦法可以確認箱子中的貓究竟是生是死，因此生死機率各佔 50 ％的假設一點矛盾也沒有。」

結果這個本來是要拿來全面攻擊機率詮釋派用的論調，現在竟成了推廣量子力學是多麼神奇、有趣的宣傳工具。至於敗下論戰的薛丁格則留下了「早知道就別幹物理了」這句話後便轉而研究生物學去了。即使如此，薛丁格在生物學領域又建立起了分子生物學這門新學問，還致力研究精神世界的真相，創下了許多偉大的成就，因此他的的確確是位大天才。

所以說，「薛丁格的貓」原本是為了否定現在量子力學主流思想而被提出的問題，如今這問題已經有了答案，因此已經不再是爭論的對象了。雖然我覺得這不需要再被提出來，但它在各類量子力學入門的解說書籍中必定會出現，其中也有很多書的封面與內頁設計都還會常用到貓咪。因此它雖然不是重要的理論，卻十分容易造成誤解，讓人以為「量子力學又難又殘忍」而心生厭惡，因此我個人還是覺得要提出來讓大家知道一下。

♠ 越來越多的「多世界」詮釋 ♠

會用到「薛丁格的貓」這個故事的地方，是在思考接下來所要講到的「多世界詮釋」時。多世界詮釋是由美國物理學家休・艾弗雷特（Hugh Everett III，1930～1982）於1957年發表的學說，當時的艾弗雷特還是個大學生呢。許多物理學的新理論，就是在這樣的年輕人手中誕生的。

現在，我們把貓放入箱中，裝上如前面所講的裝置。在這個階段時，世界可分為下列二種：

1、貓活著的世界
2、貓死掉的世界

因此在打開蓋子的時候，1世界中的觀察者會知道貓活著，而2世界中的觀察者會知道貓死了。當然，觀察者一直到打開蓋子之前，都不知道自己是屬於哪個世界的人。

可怕的是，依照這個解釋，世界將會爆炸性地不斷增加下去。

用貓來舉例顯得有點複雜，我們換個方式講。

假設現在這裡有個箱子，內部被隔成兩個隔間。箱子裡只有一顆電子，我們不知道它在左邊或右邊隔間。用量子力學的說法是，雙方的量子態是共存的。

然後我們打開蓋子，用光去照射裡面並觀察電子。在這個瞬間，電子的位置就變明確了。假設這時電子在左邊的話，按照哥本哈根詮釋的講法是，電子是「從兩個量子態的疊合塌縮為一個」，而多世界詮釋則認為電子在右邊的世界一樣存在，二個世界是共存的。因此當箱子打開時，世界便增加了。

波耳所率領的哥本哈根學派，自1920年代起便打遍天下無敵手。他們辯贏了鼎鼎大名的愛因斯坦、把薛丁格趕到了生物學領域去（雖然並非他們的本意……），成為了量子力學主流並不斷建立出新的理論。但是自從能與之相抗衡的多世界詮釋出現後，他們的風采就逐漸黯淡了下來。

當然，由於沒有什麼科學方法能夠證明哪一種詮釋才是正確的，因此我們還沒辦法驟下結論。但是讀過其他物理學家所寫的看法後會發現，現在的趨勢似乎認為「大概會是多世界詮釋勝利」。

雖然這也不是像我這樣的業餘人士能夠置喙的問題，但在我拼了命去了解多世界詮釋的解說後，知道了一件事。

哥本哈根詮釋雖然設想了只能用機率來思考的「曖昧的量子世界」，但只有觀察者是莫名地清楚明確。像「如果能夠觀測電子的位置，這瞬間，機率波就會塌縮」這樣的解釋，之所以讓人感到不對勁也是因為如此。

　　但是在多世界詮釋中，觀察者本身也是量子式的存在。他並非絕對的存在，不過是在機率性地分歧出去的世界中，「其中一個世界」裡的人而已。這樣的想法，我反而覺得似乎更合適。

♠ 能量、物質與時間，都是由量子所構成 ♠

　　不過，剛剛在說明多世界詮釋中的世界會不斷增加時，我刻意不使用「無限地」這樣文學性的表現方式。在這樣的詮釋中，雖然世界會增加到我們數都數不清，但對於相對論與量子力學出現後的物理學來說，用無限這種概念並不適切。就如同布丁無法無限地對半切下去，各種事物都有它有限的單位。這就是數學與現實的差距。

　　這種最小的單位，就是在解說馬克斯‧蒲朗克時曾出現過、構成蒲朗克單位制的各種單位。蒲朗克單位制就是只用到蒲朗克常數 h、牛頓的重力常數（萬有引力常數）G、真空中的光速 c 等基本的物理常數為基礎所定義出來的自然單位制。我們首先來看其中之一——蒲朗克長度吧。

　　現在假設我們將某個粒子壓縮成黑洞。我們知道任何東西只要密度不斷增加，就會產生強烈的重力場，最後就變成黑洞。而它的半徑，是由天文學家卡爾‧史瓦西（Karl Schwarzschild、1873～1916）根據愛因斯坦的重力場方程式所求出。這個半徑就稱為史瓦西半徑，可用式子表示如下：

史瓦西半徑 $$R_s = \frac{2GM}{c^2}$$

G：**牛頓重力常數（萬有引力常數）**
M：**黑洞的質量**
c：**光速**

　　這個粒子會在粒子性與波動性之間過渡（從一種狀態轉移到另一種狀態），是在它作為粒子的半徑 R_s，等同於其質量所相應的物質波（德‧布羅意波）波長 $\frac{h}{Mc}$（將 157 頁的 B 式設為 $v=c$）的時候，這時的半徑長度就是蒲朗克長度。蒲朗克長度是不是物理性的「最小長度」我們不得而知，

但就物質的性質來說，我們無法計算比它更小的東西。因此實質來說，它被認爲是我們所能觀測到的最小長度。

　　接下來，由於世界上速度最快的就是光，當光在眞空中以高速經過這段蒲朗克長度所需的時間時，就變成了「無法計算到比這更短的時間」。在這段蒲朗克時間中，可說是最快速的跑者在跑最短的距離，所以所花費的時間非常地短，是 1 秒（我們平常作爲時間的單位）的「約 1.855×10 的 43 次方」分之一。也就是：

約 5.391×10^{-44} ＝約 0.0000000000000000000000000000000000000005391 秒

　　這時間非常非常非常之短，但如果這是最小時間的話，整個世界會分歧的機會也就是自宇宙誕生起的約 137 億年除以這個數字而已。只要我們計算這之間所增加的世界總數（分歧後的世界還會各自再增加下去，所以不能只用加的還要一直乘上去），應該就能得出現在有多少個世界吧。

　　眞的行得通嗎……？

　　正如同布丁的悖論最後得出了物理性的結論，在量子力學的解釋中，無限、「無邊無際」、「永恆」這樣的概念是不適用於自然界的。雖然中間如何變成如此的理論推演我無法完完全全理解，但當得知這項結論時，我有一種恍然大悟的感覺。

　　對呀，我們不可能永遠吃布丁下去呀！

　　當我們看到這個結論時，這本量子力學的故事也要告一段落了。我不知道藉由以上的解說能讓大家對量子力學了解到什麼地步，但我相信大家應該都能獲得十足的樂趣。

　　如果現在有時光機的話，我想將這本書送給童年時代正握著湯匙煩惱的自己。這樣的話，在機率分歧出去的世界中，那個我必定會成爲了不起的科學家……………或許吧。

●附記

　　對於上面的解釋，監修者川端老師這樣回答：

　　「事情可不是這麼簡單唷。世界不但會以等比級數不斷增加，產生分裂的時刻還會因爲運動狀態而改變。因此，說它會分裂出近乎無限個世界也未嘗不可呀。」

　　嗯～這樣啊……物理的世界果然是非常深奧的呀。

Column

量子力學與我們的生活有什麼關係？之1

沒有穿隧效應就做不出家電用品

●球穿牆而過！

穿隧效應（tunneling effect）是證明量子力學正確性的代表現象。

當我們向遠處丟出一顆球，如果面前有一道高牆的話，球必須丟得比這面牆還要高才行。用物理學來說，就是「施予球的動能，必須大過牆壁高度所對應的位能」。如果丟的人無法施那麼大的力，丟再多次也沒辦法將球投過牆去。

過去的物理學認為，這種「位障」只要能量不夠，就絕對無法越過。嗯，其實用常識想的話這也是理所當然。如果動物園的猛獸都可以任意穿過柵欄跑到外面去的話，那可就麻煩了。

但是實際上，自然界就是有這麼不可思議的現象。其中一個例子就是阿爾法衰變。

阿爾法衰變，就是原子核放射出由二個質子與二個中子組成的阿爾法粒子（與氦的原子核相同）而衰變的現象。使夜光漆發光的能量就是利用它而產生的。另外由阿爾法粒子流所形成的阿爾法射線雖然是一種輻射線，但由於它的粒子較大，只要用一張紙就可以遮蔽。

原子核是由物理學中稱為「強力」的強大核子力吸聚而成的，為什麼裡面卻會飄出阿爾法粒子呢？古典物理學就無法說明其中原因了。

由質子與中子構成的原子核與阿爾法粒子雖然有電磁力造成的排斥力（使粒子相互遠離的力量）在作用，但核子力（強力）＞電磁力這樣的強度等級是絕對無法扭轉的。

●粒子不能穿牆，但變成波動就可以

扼要地解釋了這項長年來一直煩惱著物理學家的問題的，是俄裔美籍的物理學家喬治·伽莫夫（George Gamow、1904～1968）。他在1928年應用量子力學，將阿爾法衰變定義為「阿爾法粒子產生了穿隧效應而穿透原子核周遭位障的現象」。他以二年前薛丁格所發表的波動方程式

為基礎，主張阿爾法粒子（阿爾法粒子的存在機率）會滲透至位障的另一側。

不用說，在量子力學中，物質被視為既是粒子又是波。既然是波，即使碰到牆壁也會繞射過去。

面對一座高牆，球需要夠大的能量才能丟得過去，但聲音即使很小也可以在牆的另一側被聽見，這就是繞射現象。

對於波動性質顯著的極小粒子而言，穿隧效應就以簡明易懂的方式發生了。

但是，物質會變成波而穿牆，這簡直像魔法一樣嘛～。

●半導體會產生量子力學式的舉動

在 1950 年代末期，有一位男士在Sony前身的東京通信工業公司的半導體研究室中工作，他的名字叫江崎玲於奈。他的研究主題是研究當時剛開始實用化的電晶體以提高它的性能。

江崎先生將半導體材料「鍺」切薄作實驗，發現某些地方出現了意料之外的現象。通常，電壓愈大時電流也會愈大，但這時電流反而減少了。他發現這是因為穿隧效應的影響變大，因而使得一般的固體物質也發生了這種現象。這是劃時代的發現，由於這項成就，江崎先生於 1973 年獲得了諾貝爾物理獎。

由於當時的半導體開發還沒有要對這麼「薄、細、小」的材料進行加工，因此利用這種現象製成的江崎二極體（又稱穿隧二極體）並沒有普及。但後來當半導體隨著積體電路越來越細微化時，就不能不將穿隧效應納入計算中了。因此人們需要開發能克服這種效應的新裝置（電子零件），找出對策防止原本應該是絕緣的部分卻會有電流跑出去的「漏電」問題。無論如何，現代的半導體是建立在量子力學的計算上才得以成立，因此利用到這些半導體的家電用品、資訊傳播機器、汽車、飛機、火箭等，若是沒有量子力學就都不可能被製造出來。

量子通訊、量子電腦、量子密碼
……到處都是量子！
Column

● 量子能比光更快速地移動？

　　利用量子力學的最尖端技術，我們可以舉出量子通訊、量子電腦以及量子密碼等例子。但要說明這些技術，需要一點預備知識。

　　假設在某個地點產生了二顆基本粒子，比方說，π介子分解成光子的現象。這樣一個單獨事件所產生的基本粒子會具有雙胞胎的關係，能夠用相同的波函數來表示……這些話我是照著資料寫的，首先希望你能知道世界上具有成對的基本粒子這回事。由於這對雙胞胎共有著某種量子態，因此只要知道一方的狀態，也就能知道另一方的狀態。但是在觀察之前，都不能確定會是怎麼樣的狀態。

　　因此，我們將這二顆成對的基本粒子（稱為糾結粒子或纏結粒子）放到遠離的不同位置，並觀察確定其中一顆的狀態。這時，另一顆粒子的狀態也會在這時被確定下來。這樣就好像在兩個相距非常遙遠的位置出現了相同狀態的基本粒子，因此被稱為量子遙傳（Quantum teleportation）。

　　但是最反對這種看法的，就屬討厭量子力學的愛因斯坦了。根據他的相對論，不可能有比光更快的東西。因此訊息傳達的速度不可能超越光速，這是物理的一大原則。但是所謂的量子遙傳卻彷彿像是心電感應般，能夠瞬間得到相同的資訊。這點是愛因斯坦絕不能接受的。

　　與量子力學持續苦戰的愛因斯坦，在此又再次重蹈覆轍。1997年量子遙傳的實驗成功，從此，應用量子建構超高速資訊通信網將成為可能。

● 使電腦性能飛躍提昇的技術

　　量子電腦，是利用了量子力學的一種「曖昧性質」所製成。過去的電腦都是利用二進位制，也就是「0或1」的1位元作為最小資訊量單位

進行計算。但是量子電腦在 0 與 1 之間還可以創造許多疊加的狀態，使得數值的數量增加。這些數值稱爲量子位元，可以辨識出 2 的幾千次方種不同的狀態。換句話說，它使得同時進行好幾項計算成爲可能。

對於這樣的平行處理，目前的電腦是設置幾個CPU，使它們同時運作，所謂的超級電腦就是像這樣的。近來還有所謂的「雲端運算」，是將大量的個人電腦用網路連結起來複合使用的技術，但它能夠同時計算的平行程度也不過是 2 的 20 次方左右，這威力的差距一目瞭然吧。

量子電腦預計將在 2020 年達到實用化。到時會用在什麼用途上還是未定之數，但它想必能夠確實活躍在與我們生活關係密切的複雜運算——天氣預報上。說不定還能夠精準預測出颱風的路線呢。

● 終極的密碼也是來自於量子力學

量子電腦的出現想必會爲資訊通訊領域帶來相當大的革命，但它的好處還不僅止於此。比方說，目前電腦中所使用的大多數密碼，都是依據「要用計算去解出來也並非不可能，但即使用超級電腦也要花上幾千年」這種概念去設置的。但對量子電腦來說，只要花幾十秒就可以解決這些密碼，所以現在所謂的公開金鑰法可能會變得無用武之地。

倒不是說「面對量子的年代，就要用量子的密碼」，但是現在一種稱爲「量子密碼」的新技術研發正如火如荼地進行中。

量子密碼最大的特徵，在於利用量子態會因爲觀測而改變的性質來察覺竊聽這點。

前面量子遙傳中說過的量子狀態，在被觀察到之前都無法確定。如果用光線照射來調查，那個瞬間它的狀態就會改變。因此即使密碼在通訊中被第三者所盜取，也能夠馬上採取對策，顯著降低通訊內容被第三者得知的可能性。

量子密碼已通過了實驗，或許會比我們預期地還更早被實用化。

Column
量子力學的幕後英雄
提倡電子自旋的包立

● 光譜會受磁場影響而混亂

　　J. J. 湯木生在陰極射線的研究中發現電子是 1897 年的事，但其實在這前一年，有個人找出了「疑似電子」的存在，他就是荷蘭物理學家彼得・塞曼（Pieter Zeeman、1865～1943）。

　　相信很多人做過燄色反應的實驗後就會知道，鈉被加熱後會發出橘色的光芒。沒錯，就是高速公路隧道中照明的鈉氣燈的顏色。用三稜鏡將之分光，會得到一條漂亮的光譜。某次塞曼在鈉的旁邊放置了強力的磁鐵，再讓鈉發色，這時譜線就會分裂成好幾條（塞曼效應）。

　　從這個實驗可以推論出，原子當中似乎具有帶電荷的某種「更小的粒子」，就是因為這種小粒子的振動所以造成了光譜散亂開來。

　　事實上塞曼的這項實驗，是人們開始懷疑一直以來都被認為是單一粒子的原子，「似乎具有內部構造」的最初案例。不過翌年電子就被發現了，至於人們要了解電子的振動機制，則是更久之後的事了。

● 解開週期表謎題的包立不相容原理

　　1913 年尼爾斯・波耳發表了他的原子模型並大致說明了氫的光譜之後，科學家們就專注於解開另一道謎題——塞曼效應。在這個問題上，一開始許多學者仍未脫離宇宙模型的影響，認為或許電子是如地球般自轉及公轉，但有一個人完全不同意，他就是沃爾夫岡・恩斯特・包立（Wolfgang Ernst Pauli、1900～1958）。

　　他是這樣想的：如果電子如天體一般旋轉的話，依照光譜的狀態所推測出來的電子旋轉速度（表面的移動速度）會超過光速，這樣就違反相對論了。所以電子必定是用不同的方式在運動……。

　　基於這種想法，包立對原子內的電子進行了詳細的研究，並於 1925 年發表了後來被稱作「包立不相容原理」（Pauli exclusion principle）的理論。其中部分內容的摘要如下：

．電子會自旋／自轉（spin），其種類有向上（up）與向下（down）二種。
．在原子內，同一軌道上只能容納不同自旋種類的二個電子。

　　由於電子是小到無法去測量其大小的點粒子，無論自旋速度多快都不會與相對論產生矛盾。因此，自旋的電子角動量與物體的旋轉運動不同，它不具有向量。

　　詳情這裡不提，根據包立不相容原理來推測原子的電子配置，就可以明瞭元素爲什麼會產生週期律這種物理性質了。比方說，大多數元素原子的電子軌道中，向上與向下自旋的電子都具有相同的數量以保持雙方的平衡。但鐵原子的第三層軌道中，自旋方向相同的電子卻缺了四個。這就使得鐵在磁場中會產生強烈的反應而形成磁性。

●小心「包立效應」！

　　正如上面所講的，包立對後來的物理、化學及電子電機技術有著重大的影響，但由於同時代的明星學者實在非常多，因此他反而不太爲人所知。

　　包立大學畢業後踏上研究者的道路，經歷過擔任馬克斯・玻恩的助手後進入了哥本哈根波耳的研究所，由此可見他是很優秀的。事實上在1945 年，包立就因爲愛因斯坦的推薦而得到了諾貝爾物理獎。

　　不過，除了學生時代外，他極少發表論文。因此其研究成果，只能從他與波耳等許多學者之間討論的長信中去推測。

　　身爲一位創下偉大成就的物理學家，包立至今卻沒有被當作一位偉人來看待，或許就是因爲這個原因吧。

　　另外，他非常不擅長做實驗，不時還會把裝置給搞壞，甚至連同事們都謠傳說：「只要包立站到實驗裝置旁，裝置就會自動壞掉」、「包立只是從屋外經過，裝置就會出問題」。由於這些謠傳廣爲散播，至今還有學者在碰到實驗裝置不明原因的故障時仍會說：「這是包立效應！」

書末附錄
一起來解薛丁格方程式！

P.176～183 頁中求得的薛丁格方程式，由監修者川端老師實際來解給我們看。

■不含時間的薛丁格方程式

薛丁格方程式是一道包含對位置座標及時間微分的「微分方程式」，要解微分方程式，就是要求出滿足它的函數，對薛丁格方程式來說，就是它的波函數。為了解它，我們會利用到各式各樣的技巧。

在此為了簡單起見，我們設波函數 Ψ 只與 x 及 t 有關，而位能 U 只與 x 有關，也就是 $\Psi = \Psi(x, t)$、$U = U(x)$。這時薛丁格方程式就會由 183 頁的（26）式變為：

$$i\hbar \frac{\partial \Psi(x, t)}{\partial t} = -\frac{\hbar^2}{2m} \frac{\partial^2 \Psi(x, t)}{\partial x^2} + U(x)\Psi(x, t) \cdots\cdots (29)$$

在這種情況下，標準的解法應當為：

$$\Psi(x, t) = \psi(x)\phi(t) \cdots\cdots (30)$$

這種「變數分離」形式的解，也就是將變數（x、t）的各個函數分離出來。我想有些人在高中時就學過了。將（30）式代入（29）式就可以得到：

$$i\hbar \frac{\partial \psi(x)\phi(t)}{\partial t} = -\frac{\hbar^2}{2m} \frac{\partial^2 \psi(x)\phi(t)}{\partial x^2} + U(x)\psi(x)\phi(t) \cdots\cdots (31)$$

我們注意到（這裡請姑且當作是這樣），其中

$$\frac{\partial^2 \psi(x)\phi(t)}{\partial x^2} = \phi(t)\frac{d^2\psi(x)}{dx^2} \cdots\cdots (32)^{※}$$

※對一變數函數 $\psi(x)$ 做的微分，可以寫作 $\frac{d\psi(x)}{dx}$，也可以寫成 $\psi'(x)$，
要求的是 $\frac{d\psi(x)}{dx} = \psi'(x) = \lim\limits_{h \to 0} \frac{\psi(x+h) - \psi(x)}{h}$。
而 $\frac{d\psi(x)}{dx}$ 對 x 再做微分，則可寫成 $\frac{d^2\psi(x)}{dx^2}$ 或 $\psi''(x)$。

以及

$$\frac{\partial \psi(x)\phi(t)}{\partial t} = \psi(x)\frac{d\phi(t)}{dt} \quad\text{(33)}$$

則方程式（31）就可變爲：

$$i\hbar\,\psi(x)\frac{d\phi(t)}{dt} = -\frac{\hbar^2}{2m}\phi(t)\frac{d^2\psi(x)}{dx^2} + U(x)\psi(x)\phi(t) \quad\text{(34)}$$

將其兩邊同除以 $\psi(x)\,\phi(t)$ 做形式變換，就變成：

$$i\hbar\,\frac{1}{\phi(t)}\frac{d\phi(t)}{dt} = \frac{1}{\psi(x)}\left\{-\frac{\hbar^2}{2m}\frac{d^2\psi(x)}{dx^2} + U(x)\psi(x)\right\} \quad\text{(35)}$$

上式左邊的量值只與 t 有關，右邊的量值則只與 x 有關。若要 t 在變化時的量值與 x 在變化時相等，則兩邊必須均等於不含 x 或 t 的常數值 C 才行。也就是：

$$i\hbar\,\frac{1}{\phi(t)}\frac{d\phi(t)}{dt} = C \quad\text{(36)}$$

$$\frac{1}{\psi(x)}\left\{-\frac{\hbar^2}{2m}\frac{d^2\psi(x)}{dx^2} + U(x)\psi(x)\right\} = C \quad\text{(37)}$$

這二個式子分別都只含有一個變數，因此不叫做偏微分方程式，而是常微分方程式。（36）式具有一個解

$$\phi(t) = \phi_0 e^{-\frac{iCt}{\hbar}} \quad\text{(38)}$$

其中 ϕ_0 代表 $t = 0$ 時的 ϕ 值（初始值）。但是在求出最終的波函數解時，這個 ϕ_0 的形式一定會乘上另一個含有函數 $\psi(x)$ 的係數，因此考慮到 ϕ_0 會包含在後者裡面，後面我們都設 $\phi_0 = 1$。用我們比較熟悉一點的三角函數來表示（38）式，就可以寫成：

$$\phi(t) = \cos\left(\frac{Ct}{\hbar}\right) - i\sin\left(\frac{Ct}{\hbar}\right) \quad\text{(39)}$$

而從（8）式我們知道，t 的係數必須爲角頻率 ω（$= 2\pi\upsilon$），因此

$$\left(\frac{C}{\hbar}\right) = \omega = 2\pi\nu \quad\text{(40)}$$

換句話說，

$$\nu = \frac{C}{2\pi \hbar} = \frac{C}{h} \cdots\cdots (41)$$

另一方面，正如（1）式所表示的，ν 應該要變為：

$$\nu = \frac{E}{h} \cdots\cdots (42)$$

比較（41）（42）式可以得到

$$C = E \cdots\cdots (43)$$

常數 C 實際上就是能量 E。因此式（36）的解（38）就變為

$$\phi(t) = e^{-\frac{iEt}{\hbar}} \cdots\cdots (44)$$

其中由於前一頁講過的理由，我們設 $\phi_0 = 1$。

這樣，另一邊的（37）式就會變為：

$$-\frac{\hbar^2}{2m}\frac{d^2\psi(x)}{dx^2} + U(x)\psi(x) = E\psi(x) \cdots\cdots (45)$$

這就稱為「不含時間的薛丁格方程式」或者「定態薛丁格方程式」。若將式子左邊的ψ（x）提出來，就變為：

$$\left(-\frac{\hbar^2}{2m}\frac{d^2}{dx^2} + U(x)\right)\psi(x) = E\psi(x) \cdots\cdots (46)$$

其中

$$-\frac{\hbar^2}{2m}\frac{d^2}{dx^2} + U(x) \cdots\cdots (47)$$

就是 183 頁出現過的能量算符 H（哈密頓算符）。另外 E 稱為位能 U 的「本徵值」，而 ψ（x）稱作對應於這個本徵值的「本徵函數」。（29）式的波函數解，就是將（30）式的 $\phi(t)$ 代入為（44）式的右側，表示成變數分離型的：

231

$$\Psi(x,\ t) = e^{\frac{-iEt}{\hbar}} \psi(x) \cdots\cdots\cdots\cdots\cdots\cdots\cdots\cdots\cdots\cdots\cdots\cdots\cdots\cdots\cdots\cdots\cdots\cdots\cdots \quad (48)$$

要知道 ψ（x），我們必須給它一個具體的 U（x）才行。

在此我們重新來確認一下波函數 Ψ（x，t）的物理意義吧。根據 1962 年玻恩所提倡的解釋，

$$P(x,\ t)\mathrm{d}x \equiv \Psi^*(x,\ t)\Psi(x,\ t)\mathrm{d}x \cdots\cdots\cdots\cdots\cdots\cdots\cdots\cdots\cdots\cdots\cdots\cdots\cdots \quad (49)$$

代表：「在某個時刻測量一個以波函數記述粒子的位置，則我們能夠得到這個粒子此時在 x 與 $x+t$ 之間某處出現的機率」，其中 P（x，t）代表「機率密度」，Ψ^*（x，t）是 Ψ（x，t）的共軛複數，也就是將 Ψ（x，t）中所含有的複數單位 i 置換成 $-i$ 的函數。由於這個粒子會在某處被找出的機率必定為 1，因此它必須滿足

$$\int_{-\infty}^{\infty} P(x,\ t)\mathrm{d}x = \int_{-\infty}^{\infty} \Psi^*(x,\ t)\Psi(x,\ t)\mathrm{d}x = 1 \cdots\cdots\cdots\cdots\cdots\cdots\cdots\cdots\cdots \quad (50)$$

這個條件。這就稱為波函數的「歸一條件」。

具有無限高障礙的無限位能井

簡單、同時又能呈現出豐富物理意涵的 U（x）例子之一，就是設它在 x 的一定範圍內為 0、在這範圍外均為無限大值的「無限位能井」（又稱「無限深方形阱」）問題。請想像分子被封閉在一個用極為堅固的材質所製成的箱子中。

用位能來看，是下面這個樣子：

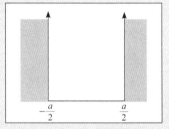

圖1　具有無限高障礙的無限位能井

$$U(x) = \begin{cases} 0 & \left(-\dfrac{a}{2} \le x \le \dfrac{a}{2} \right) \\ \infty & \text{（其餘的位置）} \end{cases} \quad \cdots\cdots\cdots \quad (51)$$

如此，粒子絕對沒辦法跑到位能井之外，不需要解出方程式（45）也可以看出，在 $x \le -\dfrac{a}{2}$ 與 $x \ge \dfrac{a}{2}$ 時，必定是 ψ（x）$= 0$。

另一方面，在 $-\dfrac{a}{2} \le x \le \dfrac{a}{2}$ 的範圍中 $U(x)=0$，因此（45）式就變成：

$$\frac{\mathrm{d}^2\psi(x)}{\mathrm{d}x^2} + \frac{2m}{\hbar^2}E\psi(x) = 0 \qquad (E \ge 0) \cdots\cdots\cdots\cdots\cdots\cdots\cdots\cdots\cdots (52)$$

這時方程式就有：

$$\psi(x) = A\sin(Kx) + B\cos(Kx), \qquad K = \sqrt{\frac{2mE}{\hbar^2}} \cdots\cdots\cdots\cdots\cdots\cdots (53)$$

這種形式的解（事實上我們知道，將（53）式代入（52）式左邊就會變成 0）。在位能壁的位置 $\mathrm{x} = \pm\dfrac{a}{2}$ 上，ψ 本徵函數為 0，根據這個條件，

$$\psi\left(-\frac{a}{2}\right) = -A\sin\left(\frac{Ka}{2}\right) + B\cos\left(\frac{Ka}{2}\right) = 0 \cdots\cdots\cdots\cdots\cdots (54)$$

$$\psi\left(\frac{a}{2}\right) = A\sin\left(\frac{Ka}{2}\right) + B\cos\left(\frac{Ka}{2}\right) = 0 \cdots\cdots\cdots\cdots\cdots\cdots (55)$$

我們就得到 A＝0 或 B＝0。這時與它們相對應的本徵函數就為：

$$\psi(x) = B\cos(Kx), \quad A = 0 \qquad \left(-\frac{a}{2} \le x \le \frac{a}{2}\right) \cdots\cdots\cdots (56)$$

$$\psi(x) = A\sin(Kx), \quad B = 0 \qquad \left(-\frac{a}{2} \le x \le \frac{a}{2}\right) \cdots\cdots\cdots (57)$$

（56）的情況下，固有函數就會是 x 的偶函數，也就是 $\psi(-x) = \psi(x)$，我們就說它的「奇偶性（parity）為偶」。在（57）的情況時，本徵函數為 x 的奇函數，也就是 $\psi(-x) = -\psi(x)$，我們就說它的「奇偶性（parity）為奇」。偶函數就像 $y=\cos x$ 這樣延 y 軸對稱的函數，函數值 $f(-x)=f(x)$。偶函數就像 $y=\sin x$ 這樣延原點對稱的函數，函數值 $f(-x)=-f(x)$。

在（56）的情況時，設 $\mathrm{x} = \dfrac{a}{2}$，則根據

$$B\cos\left(\frac{Ka}{2}\right) = 0, \qquad (B \ne 0) \cdots\cdots\cdots\cdots\cdots\cdots\cdots\cdots (58)$$

以及條件（54），就得到：

$$\frac{Ka}{2} = \frac{\pi}{2},\ \frac{3\pi}{2},\ \frac{5\pi}{2},\ \ldots \cdots\cdots\cdots\cdots\cdots\cdots\cdots\cdots\cdots (59)$$

因此本徵函數為偶函數時，

$$K = \frac{\pi}{a}, \frac{3\pi}{a}, \frac{5\pi}{a} \cdots = \frac{n\pi}{a} \quad (n = 1, 3, 5, \cdots) \cdots\cdots\cdots\cdots\cdots\cdots\cdots\cdots\cdots (60)$$

另一方面,在(57)的情況下,我們同樣設 $x = \frac{a}{2}$,則根據條件(55),

$$A \sin\left(\frac{Ka}{2}\right) = 0 \quad (A \neq 0) \cdots\cdots\cdots\cdots\cdots\cdots\cdots\cdots\cdots\cdots\cdots\cdots (61)$$

而根據這個條件我們可以得到:

$$\frac{Ka}{2} = \pi, 2\pi, 3\pi, \cdots\cdots\cdots\cdots\cdots\cdots\cdots\cdots\cdots\cdots\cdots\cdots\cdots\cdots\cdots (62)$$

因此本徵函數為奇函數的時候,

$$K = \frac{2\pi}{a}, \frac{4\pi}{a}, \frac{6\pi}{a}, \cdots = \frac{n\pi}{a} \quad (n = 2, 4, 6, \cdots) \cdots\cdots\cdots\cdots\cdots (63)$$

(60)(63)中出現的 n,在這個問題中就是某個「量子數」。雖然 $n = 0$ 滿足(61)的條件,也算是(57)形式的解,但由於 $K = 0$,所以無論 x 的值為多少 $\psi(x)$ 均等於 0,在物理上是沒有用的解,因此我們將它屏除。

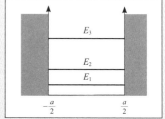

圖 2　無限位能井中最初的三個本徵值

當(48)適用於歸一條件(50)時,就顯現出本徵函數本身必須歸一化的必要性了。也就是說,當

$$\int_{-\infty}^{\infty} e^{\frac{iEt}{\hbar}} \psi^*(x) e^{\frac{-iEt}{\hbar}} \psi(x) \mathrm{d}x = \int_{-\infty}^{\infty} \psi^*(x) \psi(x) \mathrm{d}x = 1 \cdots\cdots\cdots\cdots\cdots (64)$$

於是在本徵函數為偶函數(56)的情況時,利用(60)我們就可以得到:

$$B^2 \int_{-\frac{a}{2}}^{\frac{a}{2}} \cos^2(Kx) \mathrm{d}x = B^2 \int_{-\frac{a}{2}}^{\frac{a}{2}} \frac{1 + \cos(2Kx)}{2} \mathrm{d}x = B^2 \frac{a}{2} = 1 \cdots\cdots\cdots (65)$$

其中

$$B = \sqrt{\frac{2}{a}}$$

而在本徵函數為奇函數時也同樣可以導出：

$$A = \sqrt{\frac{2}{a}}$$

根據以上推導，歸一化過的本徵函數如下：

$$\psi(x) = \sqrt{\frac{a}{2}} \cos\left(\frac{n\pi x}{a}\right), \qquad n = 1,\ 3,\ 5,\ \cdots \quad \left(-\frac{a}{2} \leq x \leq \frac{a}{2}\right) \cdots\cdots\cdots\cdots (68)$$

$$\psi(x) = \sqrt{\frac{a}{2}} \sin\left(\frac{n\pi x}{a}\right), \qquad n = 2,\ 4,\ 6,\ \cdots \quad \left(-\frac{a}{2} \leq x \leq \frac{a}{2}\right) \cdots\cdots\cdots\cdots (69)$$

將（60）（63）綜合起來，我們可以知道本徵值 E 並非連續的數值，而可以是由量子數 n 所決定的離散數值 E_n。換句話說，

$$E_n = \frac{K^2 \hbar^2}{2m} = \frac{\pi^2 \hbar^2 n^2}{2ma^2}, \quad (n = 1,\ 2,\ 3,\ 4,\ 5,\ \cdots) \cdots\cdots\cdots\cdots\cdots\cdots (70)$$

其中，第一個本徵值

$$E_1 \left(= \frac{\pi^2 \hbar^2}{2ma^2} \right)$$

這裡所講的，被束縛在位能井中的粒子所能獲得的最小能量值，稱為「零點能量（zero-point energy）」。

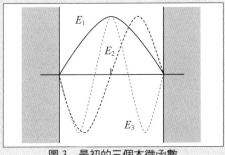

圖 3　最初的三個本徵函數

量子論‧量子力學的系譜

哲學原子論

※哲學＝以理性思辨追索宇宙或人生根本問題的學問
（新明解？語辭典）

泰勒斯 （BC624～BC546？） 萬物的根源（arche）是水 「應該是火」（赫拉克利特） 「應該是土」（色諾芬尼） 「應該是空氣」（阿那克西美尼）	阿那克西曼德 （BC610～BC546） 有限的物質是從不被限定的無限者中誕生的	約 2000 年間的空白 由於無法進行科學實證，因而被人遺忘了。
恩培多克勒 （BC490？～BC430？） 萬物由火、水、土、空氣四大元素所組成		
德謨克利特 （BC460？～BC370？） 萬物均由無法再被分割的極小粒子「原子（atom）」所構成		

觀念原子論

※觀念＝不斷累積事物的經驗，在腦中形成的固定思考
（新明解？語辭典）

中國	印度	伊斯蘭
陰陽思想 將森羅萬象區分為陰與陽，萬物的創生與消滅都是因為這二股氣的關係 五行思想 世間由「木、火、土、金、水」五種元素所構成	阿耆多翅舍欽婆羅 構成「存在」的是 地、水、火、風四大元素 印度哲學 生物的元素有地、水、火、風、苦、樂、靈魂、虛空、得、失、生、死十二種類	萬物存在均有不可再被分割的部份（原子）

科學原子論

物質的研究（化學＋物理）

原子研究的復活！

波以耳
（1627～1691）
對「火、水、土、空氣」的古希臘四元素說提出質疑。元素應該是經實驗後無法再被分割的「物質」。

元素發現風潮！

拉瓦節
（1743～1794）
進行化學實驗，發表 33 種元素的發現報告。其中含有一部分化合物（1789）

定義原子！

道爾頓
（1766～1844）

原子說（1803）
1、同樣元素的原子，具有相同大小、質量與性質。
2、化合物是由不同原子、依照一定比例結合而成。
3、化學反應只會改變原子與原子的結合方式，不會產生新的原子、也不會消滅之。
倍比定律（1804）

原子的特性是？

門得列夫
（1834～1907）
提出基於週期律所排列的元素週期表（1869）

原子不是最小的粒子！

巴耳末
（1825～1898）
發現氫原子的光譜線是由四段波長的光所組成→巴耳末系（1885）

量子論

電是起因於電子的移動！

J. J. 湯木生
（1856～1940）
發現電子（1897）西瓜型原子模型（1904）

西瓜型
原子模型

長岡半太郎
（1865～1950）
土星型原子模型（1904）

土星型
原子模型

拉塞福
（1871～1937）
確定原子核的大小
改良型土星原子模型（1911）

改良型
土星原子模型

按照拉塞福的模型，電子會被原子核吸引過去，那麼原子就會崩潰！

量子論之父

蒲朗克
（1858～1947）
光能量等各種物理量具有最小的單位→量子假說（1900）

愛因斯坦
（1879～1955）
光具有粒子的性質，因此能量是「零散」的→光量子假說（1905）
狹義相對論（1905）廣義相對論（1916）

基本粒子

包立　　　電子具有二種自旋，一個軌道中只能有一個相同的電子
　　　　　→包立不相容原理（1924）
狄拉克　　根據波動力學與矩陣力學的計算，預言了反物質的存在（1928）
查德威克　發現中子（1932）
湯川秀樹　介子理論（1935）
蓋爾曼　　夸克理論（1963）

量子力學

微觀物質的行為只能以曖昧的機率去了解！

波耳
（1885～1962）

量子力學之父，哥本哈根學派
電子的能量也是「零散」的，所以沒有問題→波耳的量子條件、頻率條件所構成的原子模型（1913）

海森堡
（1901～1976）

任何二種物理量的組合中，不可能在毫無測量值偏差的情況下同時測量出這二種物理量→測不準原理（1927）
用矩陣將電子的頻率與光譜的關係化為數學式→運動方程式（1925）

玻恩
（1882～1970）

物質波其實是機率波，而且當看到的瞬間就會收縮為一點
→物質波的機率解釋（1926）

量子力學詮釋

VS　對立

古典物理的詮釋

德・布羅意
（1892～1987）

電子其實是波（1923）→一切物質都是波（物質波）
於 1927 年獲得實驗證明

薛丁格
（1887～1961）

以式子證明：如果電子與物質是波的話，它們就會是「零散」的能量
→薛丁格方程式→波動力學

自然現象的未來，理應根據自然法則，且只有一種可能

現代的理論與假說

多世界詮釋　超弦理論　電弱統一理論
大統一理論　超重力理論　重力量子理論

索引

◎作者（正文解說、漫畫編劇）

石川憲二　Kenji Ishikawa

科技新聞記者

1958 年生於東京，畢業於東京理科大學理學部。曾任週刊誌記者，目前為自由編輯與寫作者。在製作書籍與雜誌紀事、撰寫小說及專欄之外，還採訪許多的工程師與研究員以撰寫大眾取向的解說原稿，已有二十年以上的經歷。涉及的科技領域包括電子、機械、航空／宇宙、儀器、材料、化學、電腦、系統、通訊、機械人、能源等等。

＜主要著書＞

《世界第一簡單　宇宙學》（OHM 社）

◎監修

川端潔　Kiyoshi Kawabata

東京理科大學理學部物理學科名譽教授　理學博士，Ph. D.

1940 年生於三重縣，64 年畢業於京都大學理學部宇宙物理學科。在修習大學院博士課程時赴美留學，73 年於賓州大學學院取得專攻天文學的博士學位（Ph.D.），之後亦於京都大學取得宇宙物理學的理學博士學位。曾任哥倫比亞大學研究員，74 年進入 NASA 戈達德太空研究所擔任研究員約八年。82 年擔任東京理科大學理學部物理學科副教授，90 年擔任教授，持續指導後進。專長為宇宙物理學，特別是觀測宇宙學及輻射傳輸理論。

〈主要著書〉

《遙遠的 146 億光年之旅》（OHM 社）

《用電腦研究天體物理　計算天體物理入門》（譯）（? 書刊行会）

◎漫畫　柊 Yutaka

◎製作　Verte：新井聰史、川崎堅二

國家圖書館出版品預行編目資料

世界第一簡單量子力學 / 石川憲二作 ; 謝仲其譯.
-- 初版. -- 新北市：世茂, 2011.05
面 ; 公分. -- （科學視界 ; 109）

ISBN 978-986-6363-99-3（平裝）

1. 量子力學 2.通俗作品

331.3　　　　　　　　　　　　100002391

科學視界 109

世界第一簡單量子力學

監　　修／川端潔
作　　者／石川憲二
審　　訂／陳政維
譯　　者／謝仲其
主　　編／簡玉芬
責任編輯／楊玉鳳
漫　　畫／柊 Yutaka
製　　作／ Verte：新井聰史、川崎堅二
出 版 者／世茂出版有限公司
負 責 人／簡泰雄
登 記 證／局版臺省業字第 564 號
地　　址／（231）新北市新店區民生路 19 號 5 樓
電　　話／（02）2218-3277
傳　　真／（02）2218-3239（訂書專線）、（02）2218-7539
劃撥帳號／ 19911841
戶　　名／世茂出版有限公司　單次郵購總金額未滿 500 元（含），請加 50 元掛號費
酷 書 網／ www.coolbooks.com.tw
排　　版／辰皓國際出版製作有限公司
製　　版／辰皓國際出版製作有限公司
印　　刷／世和印製企業有限公司
初版一刷／ 2011 年 5 月
　　四刷／ 2019 年 7 月

定　　價／ 300 元

Original Japanese edition
Manga de Wakaru Ryoushi Rikigaku
By Kiyoshi Kawabata, Kenji Ishikawa and Verte
Copyright © 2009 by Kiyoshi Kawabata, Kenji Ishikawa and Verte
Published by Ohmsha, Ltd.
This Chinese Language edition co-published by Ohmsha, Ltd. and Shy Mau Publishing Company
Copyright © 2011
All rights reserved.